Stephanie Borgert
Unkompliziert!

STEPHANIE BORGERT

Unkompliziert!

Das Arbeitsbuch für
komplexes Denken und Handeln
in agilen Unternehmen

Externe Links wurden bis zum Zeitpunkt der Drucklegung des Buches geprüft. Auf etwaige Änderungen zu einem späteren Zeitpunkt hat der Verlag keinen Einfluss. Eine Haftung des Verlags ist daher ausgeschlossen.

Bibliografische Information der Deutschen Nationalbibliothek
Die Deutsche Nationalbibliothek verzeichnet diese Publikation in der Deutschen Nationalbibliografie; detaillierte bibliografische Daten sind im Internet über http://dnb.d-nb.de abrufbar.

ISBN 978-3-86936-826-9
Lektorat: Anke Schild
Umschlaggestaltung: Martin Zech, Bremen | www.martinzech.de
Illustrationen: Sandra Schulze, Heidelberg | www.sandraschulze.com
Autorinnenfoto: Jan Hillnhütter, Schifferstadt I www.business-fotos.com
Satz und Layout: Das Herstellungsbüro, Hamburg | www.buch-herstellungsbuero.de
Druck und Bindung: Salzland Druck, Staßfurt

6. Auflage 2022
© 2018 GABAL Verlag GmbH, Offenbach

Alle Rechte vorbehalten. Vervielfältigung, auch auszugsweise,
nur mit schriftlicher Genehmigung des Verlags.

Printed in Germany

www.gabal-verlag.de
www.facebook.com/Gabalbuecher
www.twitter.com/gabalbuecher

»Darauf zu warten, dass der passende Zufall eintritt,
ist deswegen so problematisch, weil es nicht funktioniert.«

DOUGLAS ADAMS

Inhalt

Ein Wort vorab von Lutz Langhoff 9

Einleitung: Warum, was, wie, für wen 10

TEIL 1   Komplex denken 13

1 Wissen, Glaube, Erkenntnis und andere Fantasien 16
2 System oder Sammlung? 25
3 Wo ist das Problem? 36
4 Verstehen kommt vor verändern 45
5 Einfluss nehmen – an der richtigen Stelle 62

TEIL 2   Komplex handeln 85

1 Das Bild vom Menschen 88
2 Vertrau mir … 94
3 Aufmerksamkeit: Mund zu, Ohren auf! 100
4 Die »passenden« Worte 104
5 Organisation der Organisation 109
6 Mit- oder nebeneinander? 115
7 Sinnhaft und visionär 120
8 Vom Umgang mit Zielen 124
9 Was wäre, wenn … 128
10 Entscheidet euch 139
11 Feedback – und zwar divers 146
12 Fehler: Freund oder Feind? 151
13 Wertschöpfung: Liefern, nicht labern 156

Glossar 162
Literatur 170
Register 172
Über die Autorin 174

Ein Wort vorab

Stephanie Borgerts Arbeitsbuch ließe sich ganz knapp auf folgenden Nenner bringen: Komplexes Denken und Handeln unkompliziert lernen.

Manch einer mag an dieser Stelle zucken und sich fragen: Ob das geht? Mir erging es kurz auch so. Wenn man aber in die Gedankenwelt von Frau Borgert eintaucht, bekommt komplexes Denken und Handeln eine Einfachheit, die zuweilen erstaunt. Dieses Workbook ist längst überfällig, da es nicht nur die Ideen und das Verständnis liefert, sondern – und das macht es so unbezahlbar einzigartig – uns das Thema Schritt für Schritt praktisch näherbringt. Es ist ein grundlegendes Buch zum systemischen Denken und Handeln insbesondere für Praktiker, die sich mit der Komplexität im Berufsleben auseinandersetzen müssen und wollen.

Ich habe eine große Bitte: Arbeiten Sie es durch. Auch wenn Ihnen der eine oder andere Gedanke vielleicht schon bekannt ist, denn so ein Buch kaufen nur Menschen mit Vorwissen. Das Entscheidende ist aber eben nicht das Mal-gehört-Haben, sondern die aktive Auseinandersetzung mit den Inhalten. Viele Punkte bauen aufeinander auf, da ist das Verinnerlichen unerlässlich.

Ich liebe es, wenn Stephanie Borgert Glaubenssätze wie »Würden alle Bereiche ihren Job gut machen, gäbe es keine Probleme« auseinandernimmt. Wir sind alle (mehr oder weniger) voll solcher Dogmen, die systemisch betrachtet eher zum Schmunzeln einladen. Wobei, wenn ich ehrlich bin, ist mir oft nicht zum Lachen zumute. Ich ahne, wie ich selbst immer wieder Vorannahmen habe, die mir beim systemischen Denken im Wege stehen. Das Loslassen alter Gedankenmuster fühlt sich erst mal an wie Gehen auf dünnem Eis. Es lohnt sich aber, diese Gefühle auszuhalten. Der Blick vom »anderen« Ufer ist einfach zu schön.

Wenn Sie zum Entschluss gekommen sind, komplexes Denken und Handeln tiefer zu verstehen, möchte ich Sie auch einladen, sich mit den Vordenkern zu dem Thema live auseinanderzusetzen. Es ist aus meiner Sicht unerlässlich, die Persönlichkeiten in einem Vortrag oder Workshop zu erleben. Warum das so ist? Wir nehmen in einer direkten Begegnung viel mehr auf, und vor allem sehen wir, wie echt solche Personen sind. Wenn Sie die Gelegenheit haben, Gunter Dueck, Dave Snowden, Lars Sudmann oder Stephanie Borgert zu erleben: Gönnen Sie sich die Zeit. Ich selbst habe Frau Borgert schon öfter gehört und bin für den Genuss der Inhalte sehr dankbar.

Ihnen viel Erfolg beim ~~Lesen~~ Arbeiten,
Ihr Lutz Langhoff

Einleitung: Warum, was, wie, für wen

»Und was genau sollten wir jetzt tun?«

Sie taucht immer wieder auf, diese Frage nach einem Rezept, nach der konkreten Vorgehensweise mit garantiertem Erfolg. In all meinen Vorträgen, Workshops oder Seminaren, in denen ich mit Menschen an zeitgemäßem Management arbeite. Da kann ich nur sagen: »Komplexes Denken wäre ein guter Anfang.« Und das meine ich genau so, ganz ohne Häme.

Warum

Wir managen und führen meist reaktiv und ereignisgesteuert, suchen nach der schnellen Lösung und wollen am liebsten für jedes Problem auf eine bewährte Vorgehensweise, ein Rezept zurückgreifen. Das geht nicht nur meinen Kunden so, das weiß ich ebenso aus eigener Erfahrung. Über viele Jahre habe ich Menschen geführt, Geschäftsfelder aufgebaut und dabei durch eine lineare Brille auf die Dinge geschaut. Meine Entscheidungen waren nicht immer passend, mein Vorgehen folgte oft dem Prinzip »Mit dem Kopf durch die Wand« und mein Umgang mit Mitarbeitern ist aus heutiger Sicht durchaus optimierungsfähig gewesen.

Seit einigen Jahren beschäftige ich mich nun mit der Frage, wie die Komplexität unserer Welt sich meistern lässt und wie komplexes Denken und Handeln in die Organisationen getragen werden kann. Dabei halte ich persönlich es für essenziell wichtig, Organisationen, Teams, Projekte als komplexe Systeme zu verstehen. »Dann schreiben Sie doch ein Workbook«, schlug mir Ute Flockenhaus, damals Programmleiterin beim GABAL Verlag, schon vor einiger Zeit vor. »Auf gar keinen Fall«, war meine erste Antwort und Haltung. Komplexes Denken und Handeln lassen sich nicht in Rezepten abbilden, One-size-fits-all-Lösungen existieren nicht. Komplexität ist immer Kontext. Aber der Keim war gelegt und wuchs heran, bis zu diesem Arbeitsbuch, das keine Rezepte, aber doch viele praktische Werkzeuge und Ideen enthält.

Was

Dieses Buch ist keine Methodensammlung und auch kein Nachschlagewerk zur Ersten Hilfe. Es ist ein Buch zur grundlegenden Beschäftigung mit komplexem – also systemischem – Denken. Es geht darum, Perspektiven zu wechseln sowie Sichtweisen und Lösungsräume zu erweitern. Im ersten Teil werden die Begrifflichkeiten geklärt, und ich lade Sie ein, komplex und intensiv über Situationen und Probleme nachzudenken. Nicht zum Spaß, sondern um fundiertere, nachhaltigere, passendere Lösungen zu finden und die wirklichen Ursachen zu bearbeiten.

Zu der Beschäftigung mit Komplexität gehört für mich die Frage nach der Gestaltung resilienter Organisationen. Wie sieht Zusammenarbeit in krisenfesten Unternehmen aus, was macht anpassungsfähige Spitzenteams aus und wie wird eine Organisation flexibler? Aspekte aus dieser Arbeit, die häufig Arbeitsthemen bei meinen Kunden sind und in der Organisationsgestaltung essenziell dazugehören, erarbeiten Sie im zweiten Teil. Hier wird es also konkret, und Sie bekommen Impulse, welche Themen Sie betrachten und bearbeiten sollten, um die Adaptivität Ihrer Organisation zu erhöhen.

 Gut zu wissen

Ich empfehle Ihnen, das Buch von vorn nach hinten durchzuarbeiten, das ist am sinnvollsten. Teil 1 legt die Basis und macht Sie grundlegend mit komplexem Denken vertraut. In Teil 2 können Sie gerne zwischen den einzelnen Kapiteln springen, da die Themen zwar miteinander verknüpft sind, aber nicht in einer bestimmten Reihenfolge bearbeitet werden müssen.

Wie

Das notwendige Hintergrundwissen liefere ich Ihnen so kompakt wie möglich, denn Literatur zu den theoretischen Grundlagen findet sich ausreichend. In diesem Buch dürfen und sollen Sie arbeiten. Dazu finden Sie wiederkehrende Symbole, die bestimmte Aufgaben markieren:

 Reflexionsaufgabe für Sie

 Reflexionsaufgabe/Intervention für Sie und Ihr Team

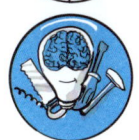 Denkwerkzeug

Für wen

Für alle, die sich mit Agilität, VUCA, Digitalisierung, New Work oder einer anderen »Schule der Arbeitsgestaltung« auseinandersetzen. Was immer Sie damit verbessern oder wohin Sie Ihre Organisation transformieren wollen, es wird nicht gelingen ohne das grundlegende Verstehen von Komplexität und Dynamiken.

Manager, Geschäftsführer, Führungskräfte und Projektmanager dürften am meisten von diesem Buch profitieren. Schließlich geht es darum, Organisationen und Teams in ihrem Zusammenwirken zu verstehen und die Stellhebel zur Beeinflussung zielgerichtet zu nutzen. Aber auch Teams, die ihre Zusammenarbeit verändern, verbessern, professionalisieren möchten, finden hier Impulse. Der Kontext dieses Buches ist arbeitsorientiert. Es schadet aber niemandem, sich in komplexem Denken zu verbessern, auch für den privaten Gebrauch.

Teil 1:

Komplex denken

Das Ganze ist …

Was tun Sie, wenn Sie vor einer neuen Aufgabe oder einem Problem stehen? Gehen Sie erst mal in eine ausführliche Analyse und zerlegen das »Ding« in seine Bestandteile?

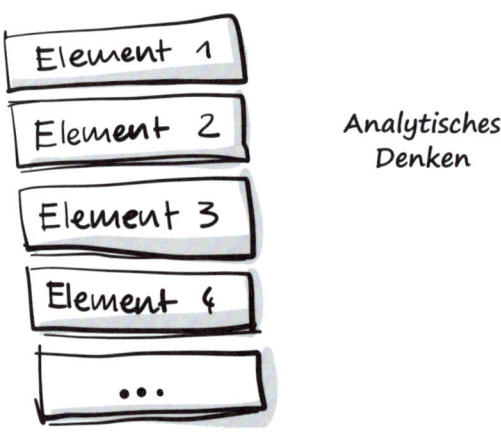

Analytisches Denken

Wahrscheinlich sind Sie gut trainiert im Analysieren, oder? Eventuell gehören Sie zu den Menschen, die schnell Probleme oder Aufgaben in ihre Einzelteile zerlegen können, diese im Detail betrachten und Abhängigkeiten finden. Das ist eine Stärke und weiterhin ein richtiger und wichtiger Ansatz für alle Problemstellungen, die sich reduktionistisch (s. Glossar) verstehen lassen. Analyse allein reicht in unserer komplexen Welt aber nicht, denn sie blendet die Wechselwirkungen aus. »Das Ganze ist die Summe seiner Teile« gilt nur für Systeme mit wenig Verknüpfungen und Wechselwirkungen. Für komplexe Systeme brauchen wir komplexes Denken, Synthese also als Gegenstück zur Analyse. Verständnis entsteht über das Verstehen des Einzelteiles (oder Elementes) im Kontext seines Zusammenwirkens mit den anderen Elementen:

1. Für das Objekt unseres Interesses, sei es ein Problem, eine Aufgabe oder Ähnliches, gilt es, das System zu identifizieren, zu dem das Objekt gehört.
2. Ein grober Überblick, wie das System als Ganzes tickt, ist notwendig.
3. Wir verstehen, wie die Elemente miteinander verknüpft sind, damit das System funktioniert.

Komplexes Denken

Analyse und komplexes Denken schließen sich nicht gegenseitig aus. Sie bilden ein Sowohl-als-auch und sollten immer beide Teil des Denkens sein. Analytisches Denken bleibt eine zentrale Fähigkeit und sollte ebenso weiterhin trainiert werden. In diesem Arbeitsbuch befassen wir uns aber intensiv mit dem komplexen Denken und den entsprechenden Denkwerkzeugen.

Im oder am System arbeiten?

Vielleicht sind Sie, wie ich, gelegentlich Bahnfahrer. Wenn ich Sie frage, wer dabei den größten Einfluss auf Sicherheit und Komfort hat, was antworten Sie? Vermutlich sagen Sie, es sei der Lokführer. Der schließlich sitzt »am Steuer«. Andererseits fallen Ihnen die Zugbegleiter ein, die ja auch näher bei Ihnen sind. Wenn Sie länger darüber nachdenken, sind es eventuell die Designer der Züge und Waggons, denn sie entwickeln die Systeme und Strukturen im Zug. Lokführer und Zugbegleiter arbeiten *im* System. Sie agieren im Rahmen der gesetzten Möglichkeiten. Die Designer jedoch arbeiten *am* System, denn sie definieren den Rahmen.

Viele Manager arbeiten im System. Sie produzieren Ergebnisse, erstellen Berichte, sitzen in Besprechungen zu operativen Themen, kontrollieren KPIs oder erreichen Ziele. Sie kümmern sich um ihre Mitarbeiter, machen sich Gedanken über deren Motivation auf der individuellen Ebene. Damit ist ihre Einflussmöglichkeit eher gering, denn sie setzen keinen Rahmen und beeinflussen das System nicht. Sie agieren darin, ohne zu gestalten. Das Verständnis für die unterschiedlichen Einflussmöglichkeiten ist der erste wichtige Schritt in Richtung eines komplexen Denkens. Denn es geht, auch in diesem Buch, darum, Gestalter der Systeme zu werden.

Altes muss raus

Sich auf den Pfad des komplexen Denkens und Handelns zu begeben, bleibt nicht ohne Auswirkungen. Es ist nicht »ein wenig was anderes«, um schnell kleine Problemchen zu lösen. Es ist vielmehr ein radikales Umdenken, ein Verändern tief liegender Denkmuster. Lassen Sie sich darauf ein, werden Sie nicht nur die eine oder andere Meinung ändern, sondern auch Ihre Art zu denken.

Fangen wir an.

1 Wissen, Glaube, Erkenntnis und andere Fantasien

> **»ISSO!«**
>
> »Isso« ist der wohl populärste Nachsatz, um die eigene Meinung in gefühlte Wirklichkeit zu wandeln.
> »Ich kann doch nicht allen Mitarbeitern zu 1000 % vertrauen. Einige würden das ausnutzen. Isso.«
> »Das geht nicht mit allen Mitarbeitern. Einige sind immer dabei, die nicht selber denken wollen. Isso.«
> »Wir arbeiten jetzt seit 15 Jahren zusammen. Ich weiß zu 100 %, wie das Team denkt. Isso.«
>
> Unabhängig davon, ob es gerade um die Leistungsfähigkeit von Mitarbeitern, die Vorhersagbarkeit von Teamverhalten oder um Entscheidungsprozesse in der Organisation geht, formulieren Menschen häufig ihre Erfahrungen und Sichtweisen so, als wäre es die allgemeine Wahrheit. »Das ist so«, fügen sie an. Das erzeugt Nachdruck und erstickt die eine oder andere Diskussion gleich im Keim. Das klare Vertreten der eigenen Position ist gut, keine Frage. Aber was bewirkt dieser kurze Nachsatz darüber hinaus? Macht er aus einer Sichtweise eventuell zementiertes Wissen? Sorgt er dafür, dass der Standpunkt überprüfbar bleibt, oder schließt er jeden weiteren Diskurs aus? Wir wissen es nicht, es könnte aber so sein …

Was ist eigentlich wahr, real, wirklich, echt? Betrachten wir die Dinge objektiv und begreifen wir die Realität? Ja, nein, jein? Die Antwort auf diese Fragen verweist auf Ihre grundlegende Haltung gegenüber Wissen und Erkenntnis. Und sie hat einen wesentlichen Einfluss auf Ihre Art zu denken. In meiner Arbeit leitet mich der Gedanke, dass es keine Objektivität gibt und wir unsere subjektive Wahrheit konstruieren. Dahinter steht der erkenntnistheoretische Ansatz des radikalen Konstruktivismus (s. Glossar). Jede Situation nehmen wir mit unseren Sinnesorganen auf und wir geben ihr eine Bedeutung. Das tun wir fortlaufend, und dabei interpretieren wir und vermuten gleichzeitig hinter jeder Aktion immer eine Absicht. All das passiert in unserem Kopf und hat eventuell mit der Wirklichkeit nicht viel zu tun. Unsere Wahrnehmung ist kein exaktes unverfälschtes Abbild der Realität, sondern ein Konstrukt aus Sinneseindrücken, die wir anhand unserer Erfahrungen, Vorurteile, Werte und Überzeugungen deuten.

Alltägliche Konstruktionen

Hier drei ganz verschiedene Beispiele für alltägliche Konstruktionen:

»Aoccdrnig to a rscheearch at an Elingsh uinervtisy, it deosn't mttaer in waht oredr the ltteers in a wrod are, the olny iprmoetnt tihng is taht frist and lsat ltteer is at the rghit pclae. The rset can be a toatl mses and you can sitll raed it wouthit porbelm. Tihs is bcuseae we do not raed ervey lteter by it slef but the wrod as a wlohe. Ceehiro.« (Nach Graham Rawlinson)

Gefühlt vergeht die Zeit deutlich langsamer, wenn wir auf dem Zahnarztstuhl sitzen. Die Zeit scheint jedoch zu rennen, wenn wir mit Freunden bei einem Glas Wein sitzen.

Ein Mann sagt: »Ich lüge gerade.« (S. Glossar: Lügner-Paradoxon)

Wir machen uns die Welt, widdewidde wie sie uns gefällt

Als Menschen suchen wir immer nach Ordnung und Erklärungsmustern. Das ist uns ein Grundbedürfnis. Zunächst wählen wir aus, was wir überhaupt betrachten. Dieser Prozess ist mitnichten eine passive Angelegenheit, sondern eine aktive Auswahlleistung. So konstruieren wir Ursache-Wirkungs-Relationen und geben dem Objekt unserer Aufmerksamkeit einen Sinn. Dabei tun wir so, als wäre dies die »ganze Wahrheit«. Im Vergleich mit Bekanntem wird das Bild, das entsteht, zunehmend umfangreicher, wobei wir weiterhin nur Ausschnitte betrachten. Gerade dann, wenn wir unter Informationsmangel leiden, ergänzen wir das, was wir wahrnehmen, mit Erfahrungen, Vermutungen und so weiter, um ein vollständiges Bild zu bekommen. Bei alldem glauben wir, dass unsere Wahrnehmung ohne Selbsttäuschung abläuft. Das ist ein Irrtum! Unsere Wahrnehmung hängt vom gewählten Blickwinkel ab, von unseren Wahrnehmungsfiltern (s. Glossar), von der Fokussierung und davon, ob andere die Dinge auch so sehen wie wir. Wir vergewissern uns unserer Wahrnehmung, indem wir andere Menschen fragen – dadurch hoffen wir Verbündete zu finden. Wenn viele andere die Welt so sehen wie wir, glauben wir an Objektivität.

Sprache bestimmt das Denken – und umgekehrt

Die Äußerung »Das habe ich mir anders vorgestellt« zeigt, dass wir in Konstruktionen denken. Dabei wird gleichzeitig unsere Wahrnehmung in erheblichem Maße von unseren Erwartungen strukturiert. Genau genommen operieren wir mit Sprache immer nur in unserem eigenen kognitiven Bereich. Wir interagieren mit der Welt auf eine Art und Weise, die unseren Denkmustern entspricht. Wir drücken aus, was wir vermuten, interpretieren, kategorisieren, erfahren haben und annehmen. Wollen Sie Ihren eigenen Denkmustern auf den Grund gehen, hören Sie hin. Werden Sie aufmerksam für die Sprache, die Sie verwenden. Achten Sie beispielsweise darauf, ob Sie in »Ich-« oder »Man«-Form über Ihre Meinung zu etwas sprechen. Mehr zur Bedeutung von Sprache finden Sie im Kapitel »Die ›passenden‹ Worte«. Es geht nicht darum, eine bestimmte Sprachform oder Rhetorik zu nutzen, sondern die eigenen dahinterliegenden Gedanken bewusst zu betrachten und als die »eigene Landkarte« zu erkennen. Hören Sie sich in den kommenden Tagen beim Sprechen aufmerksam zu und achten Sie auf wiederkehrende Redewendungen und Phrasen. Sie geben Hinweise auf grundlegende Denkmuster. Sollten Sie die Beobachtung bereits gemacht haben, dann schreiben Sie Ihre »Lieblingsphrasen« einfach auf und reflektieren ihre Bedeutung für Sie.

Du bekommst, was du erwartest

»Die Prophezeiung des Ereignisses führt zum Ereignis der Prophezeiung.« PAUL WATZLAWICK

Es gibt wohl niemanden, der die sich selbst erfüllende Prophezeiung (Selffulfilling Prophecy) nicht kennt. Betrachten wir die Welt und dementsprechend auch Organisationen, Teams, Gruppen und Unternehmen als soziale Systeme, so beeinflussen wir diese Systeme genauso, wie wir von ihnen beeinflusst werden. Das tun wir über unser Denken und Handeln. Und das wiederum wird unter anderem durch unsere Erwartungen bestimmt. Das gilt für jeden Teilnehmer im System, unabhängig von Rolle, Hierarchie oder Firmenwagen. Dessen sollten wir uns ebenfalls bewusst sein, wenn wir in komplexen Systemen agieren und erfolgreich sein wollen. Es ist eben nicht egal, was wir denken. Im Gegenteil, es hat einen Einfluss. Im schlimmsten Fall nutzt ein Mitarbeiter seine Freiheit (wie im »Isso«-Beispiel oben) aus und wir fühlen uns in unserem »Wissen« bestätigt. Recht gehabt zu haben, mag zwar für den Moment erfüllend sein, bleibt aber auf der Ebene des »unkomplexen« Denkens stecken. Machen Sie sich auch Ihre Vorannahmen, Vorurteile und Stereotype bewusst und hinterfragen Sie diese. Ist ein Glaubenssatz über Ihre Mitarbeiter hilfreich oder störend? Was wäre, wenn Sie etwas anderes glauben könnten? Das, was Sie glauben, ist letztendlich Ihre Entscheidung.

Es ist doch ganz offensichtlich – denken Sie …

> **»DIE WOLLEN MAL WIEDER NICHT«**
>
> »Wir haben ein Riesenproblem in einem unserer strategischen Projekte! Wir müssen nun langsam liefern und die IT macht Sperenzchen. Die sagen uns erst kurz vor Toresschluss, dass sie die Anforderungen nicht alle umsetzen können. Das hätten die doch eher merken müssen, nicht erst jetzt. Nun steht die Kuh auf dem Eis. Können Sie dabei helfen, die IT flottzukriegen?« So oder so ähnlich klingen einige der Hilferufe, die mich erreichen. Eine Situation eskaliert und dann ist Handeln angesagt. Und leider wird dabei oft *nur* an die schnelle Symptomlinderung gedacht.

Unsere Gesellschaft und damit selbstverständlich auch unsere Arbeitswelt sind ereignisgetrieben. Wir reagieren auf Ereignisse. Je lauter, folgenreicher oder gravierender, desto heftiger die Reaktion. Der Zug hat Verspätung, in einem Projekt wird der Zeitrahmen nicht eingehalten, der Kollege kommt zu spät zur Besprechung und so weiter. Unsere Fokussierung auf Ereignisse ist nicht verwunderlich, lässt sie sich doch evolutionär gut erklären. Die Fähigkeit, auf aktuelle Ereignisse prompt zu reagieren, hat unser Überleben gesichert. Der viel zitierte Säbelzahntiger ist vor langer Zeit ausgestorben, unsere Ereignisfokussierung nicht. Gleichzeitig hat diese Medaille eben auch eine Kehrseite. Ereignisorientierung lässt uns reaktiv sein statt proaktiv und gestaltend. »Aber man muss doch etwas tun, wenn das Projekt aus dem Rahmen läuft«, mögen Sie denken. Ja, sicher, muss man. Es ist

»Glaube nie, dass du dich in der Wirklichkeit des anderen befindest. Mache dich kundig, was die Worte in der Welt deines Gegenübers bedeuten.« MILTON H. ERICKSON

> **Werfen Sie ein Auge (oder zwei) auf die Situation**
>
> Üben Sie sich während der nächsten Teambesprechung, Konferenz oder Präsentation als Beobachter. Nehmen Sie sich eine bestimmte Zeit, in der Sie das Beobachten in den Vordergrund stellen – gerade wenn Sie mit einer bestimmten Person oder in einer konkreten Situation Probleme sehen. Eventuell machen Sie Notizen zu dem, was gesprochen wird, wer sich wie hinsetzt, steht oder geht, welche Begriffe (also Sprache) verwendet werden und so weiter. Versuchen Sie bei Ihrer Beobachtung zu bleiben und nicht gleich in eine Bewertung oder Erklärung zu verfallen. Sie werden merken, dass es einiger Übung bedarf, wirklich nur zu beobachten. In der Beobachterposition fällt es leichter, Muster zu erkennen und Zusammenhänge herzustellen, weil Sie nicht so sehr mit Ihrer eigenen Wahrheit und deren Bestätigung beschäftigt sind.

nur viel besser, einen ausführlichen Blick auf eine Situation zu werfen, um die richtigen Instrumente an den richtigen Stellen anzusetzen. Leider viel zu oft stürzen sich die Menschen in konkreten Situationen aber nur auf die Symptome. Um im obigen Beispiel zu bleiben: Es werden zig Gespräche mit der IT geführt, es wird über die Führungsebenen eskaliert und es werden möglicherweise neue interne Verträge unterschrieben. Das alles, um den Projekttermin noch irgendwie zu halten. Bezogen auf den Zeitrahmen dieses einen Projektes kann und sollte man das so tun. Allerdings handelt es sich selten um Einzelfälle. Die Vorgänge wiederholen sich, eventuell mit anderen Akteuren in anderen Projekten. Und es sollte reflektiert werden, dass mit den angedachten Maßnahmen nur das Symptom gemildert wird.

Symptom = Problem = Ursache, so betrachten wir die Ereignisse meist. So bleiben das tatsächliche Problem und dessen Ursache aber bestehen, denn wir schauen nur auf das vordergründig Sichtbare. Weder das Verhalten der IT noch die Zeitverzögerung sind das eigentliche Problem und erst recht nicht die Ursache, beides sind Symptome. Komplexe Systeme lassen sich auf der Symptomebene nicht begreifen. Wir müssen schon etwas genauer hinschauen.

Ereignis – Aktion – Ergebnis ist das amtierende lineare Denkmodell. Wir unterstellen, dass Ursache und Wirkung nah beieinanderliegen, räumlich und zeitlich. Das Verhalten eines Kollegen schreiben wir häufig seinem Charakter zu und finden dann auch eine zeitlich nahe Ursache, warum es gerade jetzt zu sehen ist. Das ist einfach und geht schnell. Leider verfehlt es das Ziel, die eigentliche Ursachensuche. Zeitliche Verzögerungen zu berücksichtigen, fällt uns mitunter schwer. In Akutsituationen kommen noch die Ungeduld und die Erwartung schneller Ergebnisse hinzu.

»Würden alle Bereiche ihren Job gut machen, gäbe es keine Probleme.« Dieser Glaubenssatz findet sich noch immer in vielen Managerköpfen. Der reduktionistische Gedanke, ein Unternehmen oder ein Team wäre durch seine Einzelteile vollständig bestimmt, hilft nur leider gar nicht im Umgang mit komplexen Systemen. Er unterstützt aber die generelle Fokussierung auf Ereignisse und hält uns davon ab, nachhaltige und wirksamere Lösungen zu finden.

Lösungen suchen im Nicht-Offensichtlichen

Auf der Ebene der Ereignisse lassen sich keine brauchbaren Erkenntnisse über die Systemzusammenhänge finden. Wir müssen also auf anderen Ebenen danach suchen.

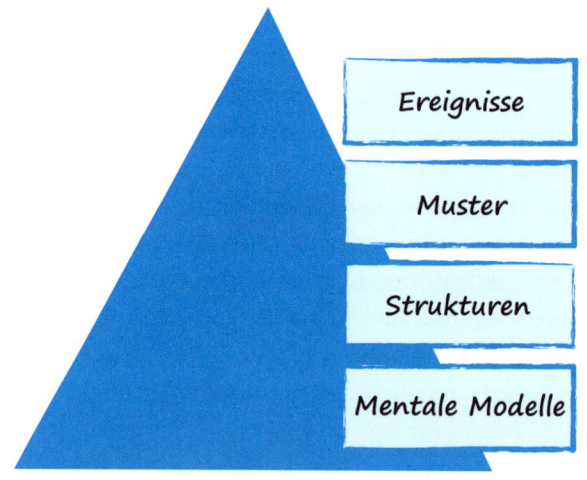

Muster und Trends werden immer erst im Laufe der Zeit sichtbar. Solche Trends zeigen sich beispielsweise darin, dass bei zwei Dritteln der Projekte die Zeitvorgaben nicht eingehalten werden, dass der Umsatz in den vergangenen anderthalb Jahren stetig gesunken ist oder auch dass bestimmte Mitarbeiter gehen. Betrachten wir diese Trends, so lassen sich die Einzelereignisse im Kontext erkennen und zueinander in Relation setzen. Wir kommen der Ursache näher. Im vorherigen Beispiel wurde festgestellt, dass die IT sich in den meisten Fällen ähnlich verhält, nämlich macht, was sie will. Andere Projekte berichten von ähnlichen Erfahrungen. Nehmen wir dies als einen Trend, können wir nach dem Muster suchen. Bei welcher Art von Projekt tritt das Verhalten auf? Lässt sich ein Muster bezüglich Projektgröße, Budget, Technologie etc. finden? Finden wir die Muster, verstehen wir schon etwas besser, wie das System tickt. Auf dieser Ebene sind wir (in den meisten Fällen zumindest) jedoch immer noch nicht bei der Ursache angelangt. Mit der Frage »Wie kommen diese Muster zustande?« untersuchen wir automatisch die zugrunde liegenden Strukturen. Um Ursachen zu erkennen und Ereignisse antizipieren zu können, müssen wir noch eine Ebene tiefer gehen und genau diese Strukturen betrachten. Was bringt beispielsweise die IT dazu, Anforderungen abzulehnen? In einem Fall war das Bereichsziel der IT Kostenreduktion und Vermeidung von Wildwuchs in den eingesetzten IT-Technologien. Die Ziele der IT standen aber im Konflikt mit den Anforderungen des Projektes. Die Ursache liegt also auf der Strukturebene. Hier ist auch der größte Hebel, hier entstehen kreative Lösungen. Dies ist die Ebene, auf der sich die Zukunft gestalten lässt.

»If you want to create a change, you must challenge not only the models of Unreality, but the paradigms that underwrite them.«
STAFFORD BEER

Die IT hätte doch früher mit uns kommunizieren können, denken die am Projekt Beteiligten sicher. Ist es nicht doch ein rein zwischenmenschliches Problem? »Die IT macht eh immer nur, was sie gerade will« – an diesem Punkt werden die Vorurteile und Stereotype deutlich. Es zeigt sich, was über die IT selbst gedacht wird, welche Einstellungen, Fähigkeiten und Motive ihr zugeschrieben werden. Die mentalen Modelle liegen auf der untersten Ebene und haben gleichzeitig die stärkste Wirkung. Auch weil Glaubenssätze uns nicht ständig bewusst sind und sie gleichzeitig unser Denken und Handeln beeinflussen. Eventuell hat die IT, um nicht gleich als Bremse zu wirken, alles Mögliche versucht, um die Anforderungen des Projektes im Einklang mit den eigenen Zielen umzusetzen.

Komplex oder auch systemisch denken bedeutet, zu erkennen, auf welcher Ebene anzusetzen ist. Im Falle akuter Ereignisse sind entsprechende Sofortmaßnahmen zu ergreifen. Gleichzeitig wird auf Trends und Muster geschaut. Für mittel- und langfristige Veränderungen und Problemlösungen finden sich Ansatzpunkte und Ursachen auf der Strukturebene. Es kann also sinnvoll sein, nur auf einer oder auf allen vier Ebenen zu intervenieren.

	Aktion	Zeitorientierung	Wahrnehmung
Ereignis	Reagieren	Hier und jetzt	Beobachten
Muster	Anpassen	Zeitverlauf	Suche nach Trends/Mustern
Strukturen	Veränderung	Zukünftig	Visualisierung wie z. B. Kausalitätsdiagramme
Mentale Modelle	Transformation	Hier und jetzt	Reflexion

Skizzieren Sie Ihr Problem

Zeichnen Sie eine Pyramide auf ein Blatt Papier und beschriften Sie die Ebenen mit »Ereignis«, »Muster«, »Strukturen« und »Mentale Modelle«. Beschreiben Sie nun ein akutes Problem und notieren Sie alle wichtigen Beobachtungen dazu auf Post-its. Ordnen Sie die Post-its den einzelnen Ebenen zu. Es kann sein, dass Sie mehrfach umsortieren, denn nicht immer ist eine Zuordnung zu den Ebenen einfach zu machen. Klären Sie gegebenenfalls den Begriff noch einmal. Am Ende der Übung haben Sie ein besseres Verständnis für die Problemursache und möglicherweise erste Lösungsansätze.

Schnelle Diagnosen und andere Phänomene

DAS »LOW-PERFORMER-PROBLEM«

Eine Frage, die mir bei meiner Arbeit immer wieder begegnet, ist die nach »unfähigen Mitarbeitern«. Ob in Workshops oder Seminaren, irgendwann meldet sich eine Führungskraft mit dem Einwurf: »Ja, aber was mache ich denn mit den Low Performern?«

Der anschließende Dialog zwischen der Führungskraft und mir zeigt oft deutlich, wie lineares kategorisierendes Denken funktioniert und wozu es führen kann:

FK: Ich habe einen Mitarbeiter, der macht nur Dienst nach Vorschrift. Er hat keinerlei eigenen Antrieb und lässt sich immer alles x-mal absegnen, null Eigenverantwortung. Er ist total unmotiviert und bringt deshalb schlechte Arbeitsergebnisse.
Ich: Wie kommen Sie darauf, dass er unmotiviert ist?
FK: Weil er nichts von allein macht, keine Ideen einbringt und mehr Probleme als Lösungen sieht.
Ich: Daraus diagnostizieren Sie also »Demotivation«?
FK: Ja.
Ich: Unabhängig davon, ob Ihre Diagnose stimmt, was ist denn *Ihr* drängendstes Problem dabei?
FK: Die schlechten Arbeitsergebnisse, denn die sind für alle sichtbar. Ich wurde schon gefragt, ob ich meine Mitarbeiter nicht im Griff habe.
Ich: Was tun Sie bisher, um das Problem »schlechte Ergebnisse« zu lösen?

> FK: Ich habe diverse Kritikgespräche mit ihm geführt und ihm auch schon gesagt, dass das so nicht ewig weitergehen kann.
> Ich: Was noch?
> FK: Er sitzt jetzt in einem anderen Büro, denn die Kollegen sollen nicht mit runtergezogen werden. Außerdem macht er mittlerweile mehr administrative Aufgaben, bei denen man nicht viel Ideenreichtum braucht.
> Ich: Sie tun also viel dafür, dass das Problem sich verschärft …
> FK: Wie?

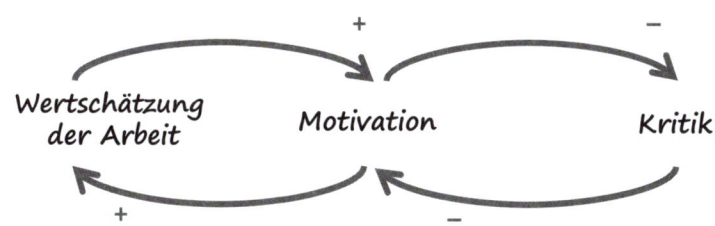

Belassen wir es hier bei diesem Auszug aus dem Gespräch und beleuchten einige Aspekte genauer. Die Frage nach einem »Rezept« bei demotivierten Mitarbeitern entspringt der Idee, dass man etwas auf Menschen anwenden kann und sie dann wieder funktionieren. Da Menschen nun mal nicht eindimensional sind, kann es kein Rezept geben. Jeder Mensch tickt eben anders. Gleichzeitig ist da die Annahme, dass es sich um Demotivation handelt. Dies ist eine Diagnose, die genauso richtig wie falsch sein kann. Wir wissen es nicht, wir vermuten es nur. Unterstellt ist ebenfalls, dass die mangelnde Motivation im Mitarbeiter begründet liegt. Manchmal wird das sogar als charakteristische Eigenschaft von Mitarbeitern beschrieben. Das ist nicht nur inhaltlich falsch, sondern hat großen Einfluss auf das eigene Handeln. Denn wir behandeln Menschen so, wie wir glauben, dass sie sind. Zudem vermuten viele Führungskräfte einen direkten linearen Zusammenhang zwischen ihren Interventionen (Kritik, Einzelbüro …) und dem Verhalten des Mitarbeiters.

Kein Wunder, ist die Ratgeberliteratur doch voll von Rezepten à la »Tue dies, dann wird jenes passieren«. Die Erfahrung zeigt allerdings, dass gerade demotiviertes Verhalten (Dienst nach Vorschrift, Vorsicht auch bei kleinstem Entscheidungsspielraum etc.) in einem größeren Zusammenhang betrachtet werden muss. Die Frage sollte also vielmehr sein: Welche Restriktionen, Bedingungen und Vorgaben bringen einen Mitarbeiter dazu, sich demotiviert zu verhalten?

Das Ansinnen der Führungskräfte ist an dieser Stelle durchaus nachvollziehbar. Sollen sie doch alles und alle im Griff haben, Probleme schnellstmöglich eliminieren und auf ihre Mitarbeiter im positivsten Sinne einwirken. Gleichzeitig zeigt das »Low-Performer-Problem« die häufigsten Denkfehler, wenn es um Komplexität geht. Und das Führen von Menschen ist zweifelsohne eine komplexe Aufgabe.

Wenn wir in die typischen Denkfallen tappen, geht es nicht zwangsläufig um Mitarbeiter und Demotivation. Dies ist nur ein klassisches Beispiel. Unsere Denkmuster lenken unser Verhalten unabhängig von der aktuellen Situation.

Dem Problem auf den Grund gehen

Probleme zeigen sich über ihre Symptome. Für eine nachhaltige Behandlung müssen wir ihnen auf den Grund gehen und die echte(n) Ursache(n) identifizieren. Die 5-Why-Methode (s. Glossar) kann dabei helfen.

Beispiel: Die ausgelieferte Software ist mangelhaft.

1. Warum ist die Software mangelhaft?
   Weil wesentliche Funktionen fehlen.

2. Warum fehlen wesentliche Funktionen?
   Weil in der vorgegebenen Zeit nicht alles umgesetzt werden konnte.

3. Warum konnte nicht alles umgesetzt werden?
   Weil die Anforderungen nach und nach erweitert wurden.

4. Warum wurden die Anforderungen nach und nach erweitert?
   Weil sie in der Konzeptionsphase zum Teil noch nicht bekannt waren.

5. Warum waren sie in der Konzeptionsphase noch nicht bekannt?
   Weil die Bedingungen sich in der Zwischenzeit geändert haben.

Beschreiben Sie nun ein aktuelles Problem, das sich Ihnen im Managementalltag stellt. Seien Sie dabei so detailliert wie möglich und formulieren Sie konkret. Wo ist es wie oft aufgetaucht, wer hat es entdeckt und welche Konsequenzen sind aus dem Problem entstanden? Vermeiden Sie Annahmen und schnelle Rückschlüsse. Stellen Sie nun immer wieder die Frage nach dem Warum, um sich langsam an die Ursache heranzutasten. Achten Sie darauf, beim Thema zu bleiben und nicht abzudriften. Trennen Sie dabei jeweils Symptom von Problem und bleiben Sie bei dem einen Problem. Eventuell brauchen Sie weniger oder mehr als fünf Warum.

System oder Sammlung?

Systeme begegnen uns überall. Wir arbeiten mit Systemen, leben und agieren in Systemen und sind Teil von ihnen. Gleichzeitig verwenden wir den Begriff recht wahllos und sind uns der Bedeutung nicht so recht bewusst. Dies ist wichtig, weil sich ein System mit rein analytischem Denken nicht erfassen lässt und wir deshalb zusätzlich systemisches, komplexes Denken benötigen. Dieses Kapitel vermittelt Ihnen die Grundbegriffe und -fertigkeiten für komplexes Denken.

Die wesentlichen Facetten eines Systems sind: seine *Elemente*, seine *Struktur* und sein *Zweck*. Die Elemente sind sowohl materieller Art (Menschen, Budget, Produkte …) als auch immaterieller Art (Motivation, Verbundenheit …). Betrachten wir ein Unternehmen als System, dann beginnen wir häufig damit, es in Einzelteile zu zerlegen. Wir schauen auf Bereiche, Abteilungen, Teams, Mitarbeiter und so weiter. Dabei verlieren wir jedoch das große Ganze leicht aus dem Blick. Wichtiger als die Einzelteile sind die Verknüpfungen der Elemente, die Vernetzung. In einer Organisation beispielsweise gibt es Einstellungskriterien für neue Mitarbeiter, Quality-Gates bei der Produktentwicklung, Budgets, Flurfunk, gesetzliche Rahmenbedingungen und vieles mehr. Viele der Verknüpfungen transportieren Informationen, damit im System Entscheidungen getroffen werden können und gehandelt wird. Gerade wenn es um die informellen Verknüpfungen geht, kann es schwierig werden, sie zu erkennen. Deshalb

gilt es, gut zu beobachten, wenn ein System verstanden werden soll. Die Verknüpfungen bilden die Struktur des Systems. Auf dieser Ebene lassen sich durch Veränderungen erhebliche Effekte erzielen. Werden in einer Organisation zum Beispiel die Vorgesetzten durch die Mitarbeiter gewählt und ausgesucht, statt wie üblich andersherum, so hat das enorme Auswirkungen auf Zusammenarbeit und Selbstverständnis.

Der Zweck eines Systems ist mitunter ebenso schwer zu erkennen wie die Verknüpfungen. Später in diesem Kapitel wird er noch genauer bearbeitet. Nur so viel vorab: Der Zweck ist, neben der Struktur, der wichtigste Faktor, wenn es um das Verstehen eines Systems geht. Oft existiert neben dem offiziell formulierten Zweck ein tatsächlich beobachtbarer. Der tatsächliche Zweck zeigt sich über die Zeit und selten in Momentaufnahmen. Gehe ich beispielsweise mit unseren Hunden spazieren, dann bleiben sie häufig jeden Meter stehen und buddeln ein Loch, aus dem sie kurze Zeit später ein Mäusenest ziehen. Der Zweck liegt hier nicht im Buddeln, sondern im Mäusefangen. Genau genommen steht dahinter noch der Zweck der Überlebenssicherung. So unscheinbar der Zweck manchmal daherkommt, so kraftvoll ist sein Wirkungspotenzial. Ändert man den Systemzweck, so hat das drastische Konsequenzen. Was wäre, wenn der Zweck Ihrer Organisation Schuldenzuwachs wäre? Oder wenn in der Fußball-Bundesliga der Zweck einer Begegnung nicht mehr Sieg, sondern Niederlage wäre? Oder der Zweck einer Familie, Geld zu verdienen?

Elemente, Struktur und Zweck sind jeweils bedeutsam im und für ein System. In ihrer Hebelwirkung unterscheiden sie sich jedoch. Häufig liegt der Fokus im Organisationsalltag nämlich auf den Elementen, dabei sind die meist gar nicht so wichtig und in ihrer Wirkung überschätzt. Möglicherweise stößt dieser letzte Satz bei Ihnen gerade auf spontane Abwehr. Das ist nicht ungewöhnlich. Die Tatsache, dass die Elemente (vor allem wenn man die Menschen betrachtet) nicht den wichtigsten Teil stellen, läuft kontrar zur üblichen Sichtweise des »alten« Denkens. Kaum eine Organisation geht jedoch unter, wenn der Vorstandsvorsitzende ausgetauscht wird. Selten verändert sich eine Organisation rasant, sobald der Geschäftsführer in den Ruhestand geht. Es sei denn, durch den Wechsel verändern sich Struktur und/oder Zweck.

Wechselwirkung macht das System aus

Sie selbst, lieber Leser, sind ein gutes Beispiel für ein System, ein komplexes biologisches nämlich. Ihr Auto, Ihre Organisation, die Fabrik nebenan oder auch die Welt sind weitere. Grundlegend lässt sich ein System als eine *organisierte Sammlung von Teilen oder Subsystemen mit einem übergeordneten Ziel beziehungsweise einem spezifischen Zweck* definieren. Die Teile eines Systems interagieren beziehungsweise hängen vonein-

ander ab. Später, wenn es um komplexe Systeme (s. Glossar) geht, wird die Definition präzisiert.

Auf der anderen Seite ist eben auch nicht alles ein System und die Unterscheidung mitunter nicht einfach, hängt sie doch sehr vom Betrachtungshorizont ab und von Ihren Vorannahmen über die betrachteten Dinge.

> ### System oder Sammlung
>
> Werfen Sie bitte einen Blick auf die folgenden Begriffe, und entscheiden Sie, welche davon Systeme und welche Sammlungen von Teilen sind:
>
> - Schale mit Obst
> - Fußballteam
> - Auto
> - Badezimmer
> - Familie
> - Werkzeuge im Werkzeugkasten

Selbst bei diesen Begriffen ist die Zuordnung nicht sofort offensichtlich und klar. Lösen wir es auf. Ein Badezimmer und Werkzeuge im Werkzeugkasten sind Sammlungen von Teilen. Sie entsprechen nicht der Definition von »System«. Nichtsdestotrotz gibt es in einem Badezimmer Systeme (Heizsystem, Fön etc.). Die interagieren jedoch nicht miteinander oder den anderen Dingen im Bad. Sobald ein Mensch dazukommt und das Bad »benutzt«, ergibt sich ein System. Diesen Gedanken dürfen Sie nun erst einmal verdauen.

Auto, Fußballteam und Familie sind Systeme. Wir werden sie später bezüglich Komplexität und Kompliziertheit noch genauer unterscheiden. Im Moment ist der wichtige Punkt, dass sie alle jeweils einem bestimmten Zweck dienen. Genau dafür werden sie etabliert oder gebaut. Der Zweck ist die Kraft, die das System organisiert. Einen ersten wichtigen Einblick in ein System bekommen Sie, indem Sie den Zweck des Systems ermitteln.

Die Schale mit Obst ist doch eindeutig eine Sammlung von Teilen, oder? Auf den ersten Blick scheint es so. Aber haben Sie schon einmal einen Apfel zusammen mit anderem Obst in derselben Schale aufbewahrt? Dann haben Sie erlebt, wie der Apfel die Reifung der anderen Obstsorten beschleunigt. Auf der molekularen Ebene finden sehr wohl Interaktion und Wechselwirkung statt, und zwar mit dem gemeinsamen Zweck, den biologischen Abbau zu befeuern. Für die meisten von uns ist diese Perspektive aber nicht relevant, weshalb wir das Obst als Sammlung von Teilen betrachten. Der Blickwinkel ist eben mitentscheidend.

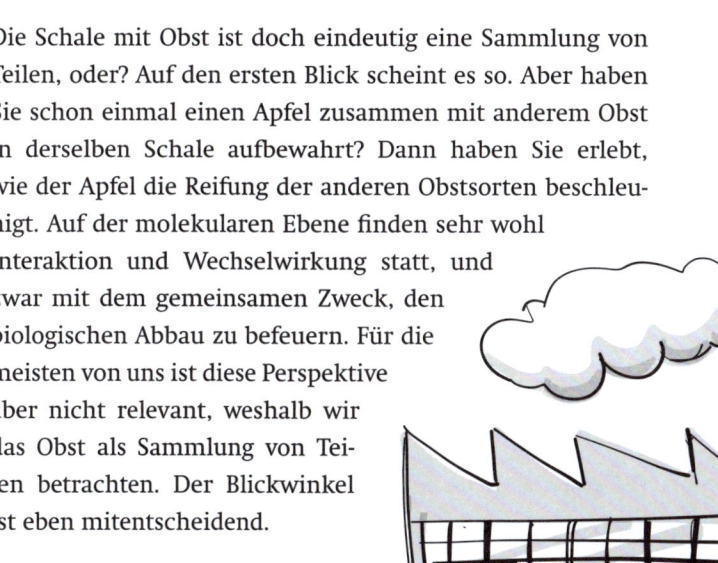

> **1 + 1 = 2**
>
> Seit vielen Jahren leitet Herr K. große, komplexe Projekte. Er versteht sich als Dirigent und Kontrolleur der Ergebnisse. Den Großteil seiner Arbeitszeit verbringt er mit Planung, Planungsanpassung, Berichten und dem Abfragen von Ergebnissen bei den Teilprojektleitern. Zu seiner tiefsten Überzeugung gehört, dass »jedes Projekt erfolgreich sein kann, wenn alle Teilprojekte optimal arbeiten«. Ähnlich wie Herr K. denken viele Projektmanager. Das Ganze ist die Summe seiner Teile – und nach diesem Motto managen sie, ereignis- und individuenorientiert. Kein Wunder, sind doch die meisten Prozesse, Verfahren und Methoden in unseren Organisationen auf der Basis dieses reduktionistischen Grundgedankens etabliert.

Wenn Sie ein System verstehen wollen, müssen Sie es als Ganzes betrachten. Zerteilen Sie es, eliminieren Sie die Vernetzung und bekommen keinerlei Aussage über das Systemverhalten. Wollen Sie ein System beeinflussen, müssen Sie auf das System als Ganzes einwirken. Nur an einer Stelle eingreifen und glauben, dies bewirke nichts an anderen Stellen, wäre blauäugig.

Die Systeme, in denen Sie agieren, zu benennen und Verbindungen zwischen ihnen zu erkennen, ist der erste Schritt zum komplexen Denken.

Soziale Systeme sind besonders

Komplexe Systeme bringen per se keine Gebrauchsanleitung mit. Und auch soziale Systeme, wie Organisationen sie beispielsweise sind, gehören zur Klasse komplexer Systeme, die sich der Idee von Kontrolle und Linearität entziehen. Diese Erfahrung haben Sie bei dem Versuch, ein soziales System zu managen, sehr wahrscheinlich schon gemacht. Vieles in diesen Systemen ist nicht direkt sicht- und greifbar, was die Einflussnahme herausfordernd macht. Soziale Systeme sind:

- feingliedrig vernetzt, was sie schwer fassbar macht,
- nicht sichtbar und damit auch in ihren Grenzen nicht leicht zu bestimmen,
- extrem robust, lebens- und anpassungsfähig (»alte Bande« zu zerschlagen, ist mitunter nicht möglich),
- durch Rückkopplung hochgradig dynamisch.

Komplex, nicht kompliziert

Familie und Auto, beides Systeme. Das eine (Auto) ist kompliziert, das andere (Familie) komplex. Diese Differenzierung ist essenziell, weil die Systeme unterschiedlich ticken und unterschiedlich ausgeprägt sind. Sie verlangen jeweils völlig andere Werkzeuge, will man sie beeinflussen. Ein Auto besitzt keine Eigendynamik; ohne Einfluss von außen (durch einen Fahrer beispielsweise) verändert ein Auto weder seine Grundeigenschaften noch seinen Zweck. Sie können es in seine Einzelteile zerlegen und genauso wieder zusammensetzen. Eine Familie, als ein soziales System, besitzt Eigendynamik und entwickelt sich stetig weiter. Entscheidungen

Meine Systeme (Teil I)

Skizzieren Sie zwei Systeme, in denen Sie agieren. Formulieren Sie dabei folgende Aspekte: Name des Systems, Zweck, die Systemelemente und das übergeordnete beziehungsweise größere System.

System 1:

_____

Zweck

_____

Beteiligte / Komponenten

_____

Immaterielle Komponenten

_____

Übergeordnetes System

_____

System 2:

_____

Zweck

_____

Beteiligte / Komponenten

_____

Immaterielle Komponenten

_____

Übergeordnetes System

_____

Drinnen oder draußen

Betrachten Sie noch einmal Ihre weiter vorn skizzierten Systeme und grenzen Sie sie klar von Nachbarsystemen, vom übergeordneten System und von der Umwelt ab. Wer und was ist drinnen, was nicht? Welcher Austausch von was findet statt?

_____

_____

_____

_____

---

werden getroffen oder verworfen, Erkenntnisse gewonnen, Beziehungen eingegangen oder aufgelöst und so weiter. Zerlegen Sie eine Familie und ihre Subsysteme (die einzelnen Menschen) in ihre Bestandteile, lassen die sich nicht wieder »originalgetreu« zusammensetzen. Zudem gibt es in dieser Art System sehr viele immaterielle Komponenten wie Informationen, Motivation, Sorgen etc., die einen Einfluss auf das System haben. Damit ist selbstverständlich, dass jede Organisation und jedes Team darin komplexe Systeme sind.

In meinen früheren Büchern habe ich die Unterscheidung zwischen »kompliziert« und »komplex« ausführlich dargestellt. In diesem Arbeitsbuch fokussiere ich im Folgenden ausschließlich auf komplexe Systeme und werde die wichtigsten Eigenschaften vorstellen und erläutern.

Ein komplexes System ist eine aufgaben-, ziel- oder zweckgebundene Einheit von Elementen, die in Wechselbeziehung zueinander stehen. Es organisiert sich über seine Struktur. Ein System hat eine eindeutige Abgrenzung zu seiner Umwelt. Es ist klar definiert, was zum System gehört und was nicht. Findet an der Schnittstelle zur Umwelt ein Austausch statt, spricht man von einem offenen System.

Komplexe Systeme haben einen Zweck.

Der Zweck eines Systems ist seine übergeordnete Eigenschaft, nicht die Eigenschaften einzelner Beteiligter oder Komponenten. Er ist damit ein wesentlicher Faktor, der alles zusammenhält und für Integrität sorgt. Im vorherigen Abschnitt haben Sie in der Übung bereits den Zweck Ihres Systems formuliert. Die Frage aber ist: Welchen denn genau? In Organisationen, Abteilungen, Teams und Projekten wird meist über den offiziellen, nominellen Zweck und dann auch noch eher in Form von Zielen gesprochen. Der Zweck ist mitunter nicht so leicht greifbar, denn wir fokussieren stark auf Aufgaben, weil die sicht- und messbar sind.

»The purpose of a system is what it does.«
STAFFORD BEER

Der Kybernetiker Stafford Beer bringt es mit diesem Zitat auf den Punkt. Den wirklichen Zweck erkennen wir in der Beobachtung der konkreten Aktionen und Handlungen. Der tatsächliche Zweck kann vom nominellen abweichen. Außerdem können sich Zwecke in einer Organisation addieren und übergeordnet unerwünschtes Verhalten ergeben. Ein Beispiel: In fast jedem Unternehmen gibt es einen Bereich Personalentwicklung. Dessen nomineller Zweck ist vor allem die Qualifizierung, Ausbildung und Weiterentwicklung der Mitarbeiter und Führungskräfte. Gemessen werden die Leistungen beispielsweise über KPIs wie Anzahl der Maßnahmen pro Jahr oder Anzahl der Schulungstage pro Mitarbeiter. Ich erwähne die KPIs deshalb explizit, weil sie leicht zur Zweckentfremdung beitragen. Viele Unternehmen bieten ihren Mitarbeitern einen Katalog mit Seminaren und Trainings für die Weiterbildung an. Standardisierte Maßnahmen werden über Jahre als regelmäßiges Muss quasi verordnet, damit »genug getan wird«. Das kann schnell dazu führen, dass der beobachtbare Zweck der Personalentwicklung das Verkaufen von Schulungstagen wird, damit die KPIs erfüllt sind. In der Praxis werden so Trainings durchgeführt, die für die Teilnehmer keinen Mehrwert liefern. Auch wird ein hoher bürokratischer Aufwand betrieben, um den lückenlosen Nachweis der ordentlichen Durchführung zu dokumentieren. Die eigentliche Aufgabe und der Zweck treten in den Hintergrund oder gehen mitunter ganz verloren.

Oder die Zwecke einzelner Bereiche, Abteilungen und Teams stehen sich gegenüber. Dadurch entstehen viele der üblichen Konflikte in Organisationen. Dann ist entscheidend, wie eine Organisation mit Offenheit und Ehrlichkeit umgeht. Denn diese sind vonnöten, um Wunsch und Realität anzunähern.

Der Zweck

Benennen Sie für die beiden im letzten Abschnitt skizzierten Systeme den nominellen und den De-facto-Zweck. Seien Sie ehrlich, und schauen Sie, ob sich ein anderer Zweck aus Ihrer Systembeobachtung ergibt. Bleiben Sie beim Beobachten und vermeiden Sie schnelle Rückschlüsse oder Zuweisungen. Gehen Sie dann in die Ursachenforschung, um den eigentlichen Grund für die Abweichung zu finden. Sehr häufig ist er strukturell bedingt.

Nomineller Zweck:

_____

De-facto-Zweck:

_____

Komplexe Systeme sind vernetzt und dynamisch.

Eingriffe in ein Teilsystem haben Auswirkungen auf andere Elemente oder Teilsysteme, die Beteiligten wirken aufeinander ein. Aus der Vernetzung entsteht immer auch Dynamik. Das heißt, ein System entwickelt sich stetig weiter. Es wartet nicht auf Maßnahmen oder Reaktionen. Daraus ergibt sich immer Zeitdruck. Um ein komplexes System zu beschreiben, reicht es nicht, nur den Istzustand zu betrachten. Aufgrund der Weiterentwicklung müssen auch immer die Zukunft und die diversen Handlungsoptionen berücksichtigt werden.

Komplexe Systeme sind intransparent.

Versuchen Sie einmal, Ihre Familie oder Ihr Arbeitsteam vollständig zu beschreiben, mit all den Facetten und Wechselwirkungen. Sie können es nicht. Es ist zu umfangreich, zu mächtig, zu komplex. Als Betrachter können wir immer nur einen Ausschnitt beleuchten; das sollte uns bewusst sein. Genau dieser Aspekt der Intransparenz macht es so schwer, Entscheidungen zu treffen, denn sie finden immer in Unbestimmtheit statt. Auch Planung kann nur die Aspekte sinnvoll erfassen, die nicht komplex sind. Für Komplexes lässt sich keine allumfassende, vorhersagbare und belastbare Planung vornehmen.

Komplexe Systeme sind selbstorganisiert.

Die Interaktion der Systemkomponenten innerhalb des Systems lässt Ordnung entstehen und erhält sie. Dieser Prozess wirkt stärker als eine Steuerung von außen. Ein wesentliches Merkmal selbstorganisierter Systeme ist die Dynamik, das heißt, die Elemente des Systems stehen in ständiger Wechselbeziehung zueinander. Gerade wegen der fehlenden zentralen Steuerung können solche Systeme ihre Ordnung erhalten, auch wenn die Umweltbedingungen sich verändern.

Komplexe Systeme werden durch Feedback reguliert.

Rückkopplung beziehungsweise Feedback sorgt für die Rückführung originärer oder veränderter Informationen in das System. In biologischen, technischen, sozialen oder wirtschaftlichen Systemen ist dieser Mechanismus zu finden. Feedback führt zu eskalierenden (Mitkopplung) oder stabilisierenden (Gegenkopplung) Effekten. Das Thema Feedback wird im Kapitel »Verstehen kommt vor verändern« ausführlich bearbeitet.

Komplexe Systeme reagieren zeitverzögert.

Eine große Herausforderung für viele Manager ist der Umgang mit zeitverzögerten Effekten ihrer Maßnahmen. Die »alte« lineare Denkweise unterstellt, dass Ursache und Wirkung zeitlich nah beieinanderliegen. In komplexen Systemen tun sie das nicht notwendigerweise. Es braucht Geduld und eine Betrachtung über die Zeit, um ein System zu begreifen und darin zu agieren.

Komplexe Systeme reagieren kontraintuitiv.

> **KALTGESTELLT STATT EINGEBUNDEN**
>
> Wenn Führungskräfte über »Dienst nach Vorschrift« und die mangelnde Bereitschaft ihrer Mitarbeiter zur Verantwortungsübernahme klagen, dann ziehen sie häufig die Konsequenz, ebendiese Mitarbeiter zu isolieren und ihnen »unkritische« Aufgaben zu übertragen. Das aber ist sicher nicht die Lösung. Im Gegenteil, das Problem verstärkt sich. Die Lösung ist kontraintuitiv. Durch Einbinden des Mitarbeiters in das Teamgefüge und Aufgaben mit Sinn und Nutzen für (mindestens) dieses Team gelingt es, Mitarbeiter aus einer solchen Rolle herauszuholen.

Führen Ihre Entscheidungen und Handlungen schon mal zu unerwünschten Nebeneffekten? Höchstwahrscheinlich, wenn Sie nicht alle Wechselwirkungen und zeitlich verzögerten Auswirkungen Ihres Handelns erkennen und berücksichtigen. Der Begriff »Nebeneffekt« ist hier eigentlich verkehrt, denn das unterstellt so etwas wie zufällig und unabhängig entstehende Effekte. Es gibt keine Nebeneffekte, es gibt aber unerwünschte Effekte. Sie kommen uns nur zufällig und abhängig vor, wenn wir linear denken und das System nicht ausreichend betrachten. Ursache und Wirkung liegen, wie bereits erwähnt, nicht nah beieinander. Gleichzeitig fokussieren wir in unseren Entscheidungen sehr stark auf die gewünschte »Hauptwirkung«. Mögliche weitere Wirkungen und Auswirkungen auf andere Beteiligte werden nicht berücksichtigt. Und so kommt es uns so vor, als gäbe es Nebeneffekte.

Komplexe Systeme lassen sich nur im Kontext verstehen.

»Ja, was genau sollen wir tun, wenn …« Diese Frage höre ich sehr oft und dahinter steckt meist der Wunsch nach Patentrezepten und allgemeingültigen Lösungen für Probleme. Die würden das Managementleben deutlich leichter machen, es gibt sie jedoch nicht. Ereignisse, Probleme, Verhaltensweisen sind immer im jeweiligen Kontext zu sehen. Wer handelt konkret wie in welchem System unter welchen Annahmen? Dies ist eine erste Fragestellung, um ein Problem aus verschiedenen Perspektiven zu betrachten und eine Problemlandkarte zu skizzieren. *Die* Lösung existiert nicht. Was heute Lösung ist, kann morgen schon Problem sein.

Für jede Aufgabe gibt es *die* Lösung!?
Mit den sogenannten Kapitänsaufgaben (s. Glossar) lässt sich unsere Idee von der eindeutigen Lösung für ein Problem veranschaulichen:

Ein Kapitän hat 19 Gänse und 13 Ziegen. Wie alt ist der Kapitän?

»*Purposes are deduced from behavior, not from rhetoric or stated goals.*«
DONELLA H. MEADOWS

Meine Systeme (Teil II)

Nun erweitern wir die Darstellung von Systemen um erste einfache Diagramme. Dazu erstellen Sie für Ihre zwei Systeme ein Diagramm, das die Verbindung zwischen den Komponenten und das Feedback zwischen ihnen darstellt. Es kann dabei viele oder auch nur sehr wenige Feedback-Verbindungen geben.

BEISPIEL VORSCHLAGSWESEN

**System 1:
Vorschlagswesen**

Zweck:
Die Innovationsfähigkeit des Unternehmens erhöhen, indem Mitarbeiter ihre Ideen für bessere, neue Produkte vortragen.

Beteiligte / Komponenten:
Menschen, IT-System Vorschlagswesen

Immaterielle Komponenten:
Ideen, Motivation zum Einbringen von Ideen, Zeit

Übergeordnetes System:
Unternehmensweites Innovationsmanagement

Die Anzahl der Ideen und der Menschen sowie die verfügbare Zeit beeinflussen die Anzahl der veröffentlichten Ideen. Das genau kann die **Motivation** der Menschen erhöhen, ihre eigenen Ideen einzubringen. Ihre Motivation beeinflusst wiederum, wie viele Menschen sich beteiligen und wie viel Zeit sie investieren. Dieses Feedback ist als graue Linie dargestellt.

Jetzt sind Sie dran. Zeichnen Sie ein erstes Wirkdiagramm Ihrer Systeme.

3 Wo ist das Problem?

> **»HOUSTON, WIR HABEN DA EIN PROBLEM GEHABT«**
>
> Dies ist der Satz im Original, den zunächst Kapselpilot Jack Swigert und dann Bordkommandant James Lovell aus der Raumkapsel Odyssey zur Bodenstation funkte. Kurz zuvor war einer der beiden Sauerstofftanks des Servicemoduls der Raumkapsel explodiert. Und das war erst der Anfang einer ganzen Reihe brisanter Probleme.
>
> Fragen Sie die Menschen nach Problemen in ihrer Organisation, bei ihren Projekten, in der Gesellschaft oder in der Politik, so erhalten Sie häufig Antworten wie die folgenden:
>
> - Wir brauchen mehr Zeit, dann werden wir auch fertig.
> - Die Brandschutzanlage ist zu komplex.
> - Wir finden nicht genügend Fachkräfte.
> - Die Flüchtlingskrise ist unser größtes Problem.
> - Die Schere zwischen Arm und Reich klafft weiter auseinander.
> - Die hohe Arbeitslosigkeit ist das Problem.
> - Die Mitarbeiter sind emotional nicht mit dem Unternehmen verbunden.
> - Wir haben ein zu kleines Budget.

Bevor wir beginnen, komplex zu denken und Modelle zu formulieren, müssen wir uns klarmachen, um was es denn geht; denn alle Systemtheorie ist rein akademisch, solange sie nicht auf ein konkretes Problem angewendet wird. Wenn wir ehrlich sind, geht es in den meisten Diskussionen um Probleme und deren Lösungen. Was aber ist denn nun wirklich das Problem? Und wie können wir es sauber benennen? Diesen Fragen geht der folgende Abschnitt auf den Grund.

Mit den ersten Aussagen, die Menschen zu einem Problem machen, werden meistens nur Symptome benannt, nicht aber die dahinterliegende Ursache. Wir neigen dazu, auf Symptome zu fokussieren, weil wir ereignisorientiert managen, schnell eine Ursache benennen und mit Lösungsideen aufwarten wollen. Viele Menschen kommunizieren auf diese Art verklausulierte Lösungsvorschläge, die aber leider oft nicht zielführend sind. Nicht selten wird mir erläutert, man habe keine Zeit für langwierige Ursachenforschung, schließlich müsse man Brände löschen, bevor alles verschmort sei. Ja, ich weiß um den Zeitdruck und natürlich müssen Brände gelöscht werden. Gleichzeitig sollte aber auch nach der Ursache geforscht werden, damit nicht kurze Zeit später das Nachbarhaus in Flammen steht oder die Glut wieder zu züngeln beginnt.

Komplex zu denken bedeutet auch, dass wir darum wissen, ein Teil des Systems und damit ein Teil des Problems zu sein. Wir haben (fast immer) selbst einen Anteil an der Problementstehung und auch an einer möglichen Manifestation. Manches Mal sind unsere Entscheidungen von gestern, die Probleme von morgen:

- Unerwartete Konsequenzen der Lösungen, die in der Vergangenheit umgesetzt wurden, werfen Probleme auf.
- Falsche Annahmen führen zu falschen Entscheidungen. Eines der populärsten Beispiele ist Nokia. So war wohl insbesondere die Idee, dass auch nach 2007 Tastenhandys »in« sein würden, eine sehr falsche Annahme über den Markt.
- Werte und Glaubenssätze bestimmen unser Denken und Handeln. Einer der ewigen »kalten Kriege« in Organisationen findet zwischen der IT und den fachlich arbeitenden Kollegen statt. Diese sind überzeugt, dass ITler nur technologiegetrieben das tun, was ihnen Freude macht. Die ITler hingegen glauben, dass die Fachseite über keinerlei Technikverständnis verfügt und die Leute dort eh nicht wissen, was sie wollen. Diese Überzeugungen sorgen oft genug für Selffulfilling Prophecys und mitunter für anhaltendes Misstrauen.

Um dem eigentlichen Problem und der echten Ursache näherzukommen, stelle ich Ihnen nachfolgend einige Werkzeuge vor, denn ich halte diesen Aspekt für essenziell im Umgang mit komplexen Systemen.

Probleme beschreiben

Beispiele für Problemformulierungen sind:

- Die Hälfte unserer Projekte wird mit einem Zeitverzug von 130 % fertiggestellt.
- Kundenbeschwerden über lange Reaktionszeiten des Servicecenters haben in den letzten sechs Monaten um 25 % zugenommen.

Problembeschreibungen enthalten (meist):
- Informationen zum Verhalten (z. B. Kundenbeschwerden)
- Aussagen zur Entwicklung im zeitlichen Verlauf (z. B. Zu- oder Abnahme)
- Größenangaben zur Veränderung (z. B. Zunahme um 25 %)
- Zeitrahmen (z. B. in den letzten sechs Monaten)

Zunächst müssen wir vom üblichen Sprechen in wertenden Zusammenfassungen quasi »zurück zur Beschreibung«. Egal, ob Sie gerade für sich allein arbeiten oder im Dialog mit Mitarbeitern sind, beginnen Sie mit einer Beschreibung der Situation, der Aspekte, die unbefriedigend oder problematisch sind. Erzählen Sie die Geschichte (die Story) Ihres Problems. Was genau passiert? Wer ist beteiligt? Was führt wozu in Ihrer Wahrnehmung? Welche Abhängigkeiten und Randbedingungen sind wichtig? Gibt es konkrete Ereignisse, so beschreiben Sie diese ausführlich. Versuchen Sie Ihre In-

Die Problemspinne

Schritt 1: Identifizieren Sie ein aktuelles Problem oder eine akute Frage, mit der Sie zurzeit konfrontiert sind. Nehmen Sie ein Blatt Papier oder einen Flipchart-Bogen und schreiben Sie Ihren Namen, den Ihrer Abteilung oder Ihres Bereiches in die Mitte. Benennen Sie das Problem mit ein bis zwei prägnanten Worten.

> *Controlling: Arbeitsüberlastung*

Schritt 2: Welche Personen oder Gruppen sind direkt betroffen beziehungsweise involviert in Ihr Problem? Gruppieren Sie alle wesentlichen Kollegen, Mitarbeiter, Abteilungen, Unternehmen um Ihr Zentrum.

Schritt 3: Wer ist noch direkt und indirekt betroffen oder involviert? Denken Sie daran, auch Personen oder Gruppen außerhalb der eigenen Organisation zu berücksichtigen. Verbinden Sie auch diese Gruppen oder Personen mit den Knoten, die Sie bereits in Ihrer Darstellung haben.

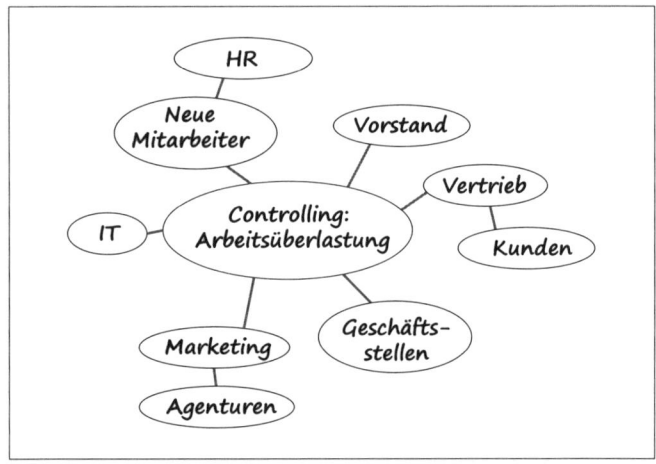

Schritt 4: Gibt es jetzt noch Aspekte, die Sie in Ihre Zeichnung aufnehmen wollen? Denken Sie bitte auch noch einmal an die nichtmateriellen Elemente.

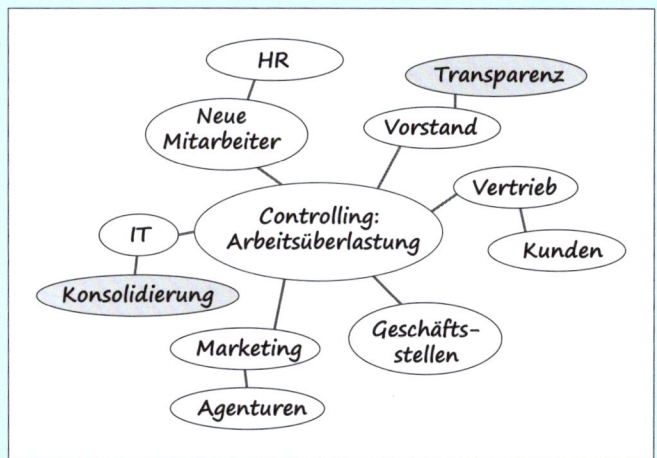

Fragestellungen:

- Welchen Effekt hat das Problem auf die außen liegenden Elemente? Was geschieht bei denen, wenn innen alles gut läuft?
- Wie sieht Ihre Situation aus, wenn bei den außen liegenden Elementen alles gut läuft?
- Welche Verknüpfungen / Wechselwirkungen sehen Sie zwischen sich und den anderen Beteiligten?
- Welche Erkenntnisse gewinnen Sie aus dieser Visualisierung?

terpretationen und Bewertungen für den Moment anzuhalten und möglichst wertneutral zu beschreiben.

Hinweis: Wenn in Ihren Schilderungen nichts passiert, ist es keine Geschichte. Es geht um konkrete Handlungen, Gespräche und Situationen. Ansonsten sind Sie sehr wahrscheinlich auf einem zu hohen Abstraktionsniveau oder sprechen in Bewertungen.

Setzen Sie die 5-Why-Methode (siehe Kapitel »Wissen, Glaube, Erkenntnis und andere Fantasien«) ein, um zu den Ursachen des Problems vorzustoßen.

Haben Sie das Problem, das Sie lösen möchten, identifiziert, sollten Sie es in seinem Kontext beleuchten. Kein Problem existiert isoliert vom Umfeld. Zudem geht es (fast immer) auch um nichtmaterielle Aspekte. Sie zu benennen und zu berücksichtigen, erweitert den Blick und schafft neue Perspektiven. Da es uns schwerfällt, all diese Informationen im Kopf zu jonglieren, ist eine Visualisierung sinnvoll. Eine einfache Möglichkeit, das zu tun, ist, eine »Problemspinne« zu erarbeiten.

Was ist Ihr Problem?

Und nun sind Sie dran. Beginnen Sie mit der prägnanten Formulierung eines aktuellen Problems und erarbeiten Sie Schritt für Schritt Ihre Problemspinne.

Mittendrin statt nur dabei

Welches ist eines der beliebtesten Spiele in unseren Organisationen? Genau, das »Blame Game«. Wann immer ein Fehler passiert oder ein Problem auftaucht, versucht jeder, so schnell wie möglich mit dem Finger auf einen anderen zu zeigen und die Schuld dort festzumachen. Weshalb dieses Spiel so verbreitet ist, habe ich in meinen früheren Büchern mehrfach aufgegriffen und im Detail beleuchtet. Im Zusammenhang mit komplexem Denken geht es mir darum, deutlich zu machen, dass wir diese durchaus menschliche Tendenz, einen Schuldigen zu suchen, überwinden sollten. Blame Game und systemisches Arbeiten gehen nicht gleichzeitig. Komplex-Denker suchen nach etwas anderem, ihrem eigenen Anteil an einem Problem nämlich. Wir sind ein Systemelement, also ein Einflussfaktor, und wirken im System. Damit sind wir Teil des Problems beziehungsweise Teil der Lösungsverhinderung. Die folgenden Reflexionsfragen können Ihnen dabei helfen, Ihren Anteil an einer Situation oder einem Problem deutlich zu machen.

Mittendrin statt nur dabei

Beschreiben Sie bitte ein akutes (eventuell chronisches) Problem, mit dem Sie und Ihr Team sich auseinandersetzen. Schreiben Sie die Story des Problems kurz und knackig nieder.

_____

_____

_____

Fragen Sie sich nun:
Tragen Sie und Ihr Team in irgendeiner Weise ursächlich zu dem Problem bei oder halten es lebendig? Wenn ja, wie?

_____

_____

_____

Haben Sie in der Vergangenheit Entscheidungen getroffen, die unerwartete Konsequenzen nach sich gezogen haben? Wenn ja, welche?

_____

_____

_____

Was wäre, wenn Sie nur auf die kurzfristigen Aspekte des Problems fokussieren und die langfristigen Konsequenzen und Folgen ignorieren?

_____

_____

_____

Welche Aspekte des Problems könnten von zeitlich verzögertem Feedback herrühren?

_____

_____

Welchen Unterschied macht es für Sie, sich als Teil des Problems zu betrachten?

_____

_____

Beschreiben Sie eine Situation, in der jemand (einzelne Person oder Gruppe) selbst einen Anteil an seinem Problem hatte, sich dessen jedoch nicht bewusst war.

_____

_____

Läuft die Zeit für oder gegen Sie?

Systeme lassen sich erst über die Zeit verstehen. Denn nur so werden Trends und Muster sichtbar und wir können Hypothesen über deren Ursprung bilden. In der Praxis erlebe ich jedoch viel häufiger das rein ereignisorientierte Tun, weshalb hier Ihr Fokus noch einmal auf den zeitlichen Ablauf gelenkt wird.

»Time goes by«

Sie können die folgende Aufgabe mit Stift und Zettel machen, besser ist jedoch die Arbeit mit selbstklebenden Moderationskarten (am besten sechseckig).

Beginnen Sie am rechten äußeren Rand Ihres Blattes, Flipchart-Bogens oder der Moderationswand mit der Beschreibung der aktuellen Situation. Arbeiten Sie im Team und es fällt Ihnen schwer, eine prägnante Problemdefinition zu finden, so nutzen Sie mehrere Stichworte, die die Situation gut beschreiben. So entsteht ein Bild der aktuellen Situation. Identifizieren Sie nun die wesentlichsten Ereignisse in der jüngeren Vergangenheit, die die heutige Situation mitgeprägt haben. Platzieren Sie diese links von der Rubrik »Aktuelle Situation«. Gehen Sie auf diese Art und Weise immer weiter zurück in der Zeit und machen Sie relevante Ereignisse ausfindig. Vermeiden Sie es dabei, nach direkten Ursache-Wirkungs-Ketten zu suchen. Listen Sie Ereignisse auf, die signifikant waren. Markieren Sie die so gefundenen Ereignisse mit einem Zeitstempel, wann sie stattgefunden haben. Häufig gibt diese Art des Rückwärtsarbeitens bereits gute Impulse für das aktuelle Problem, weil Zusammenhänge deutlich werden.

Fragen Sie sich bei jedem »Zeitpunkt«, welche Probleme damals eventuell noch existierten und was parallel noch vor sich ging.

Richten Sie nun bitte Ihr Augenmerk auf die Zukunft und stellen dabei die folgende Frage: Was geschieht mit Ihrem Problem in der Zukunft, wenn sich nichts ändert und nicht daran gearbeitet wird?

Mithilfe dieses Werkzeuges bekommen Sie mehr Einblick in ein Problem, sein Umfeld und seine Verknüpfungen. Gleichzeitig ist »Time goes by« der Einstieg in eine umfassendere Arbeit mit Szenarien, die ich Ihnen im Kapitel »Was wäre, wenn …« vorstellen werde.

Betrachtet man Problemverhalten über einen Zeitraum, dann finden sich bestimmte Typen immer wieder. Klassische Problemmuster sehen so aus:

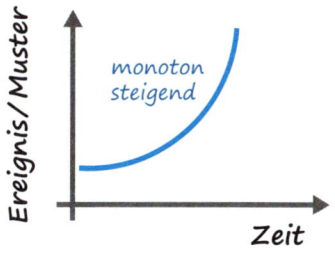

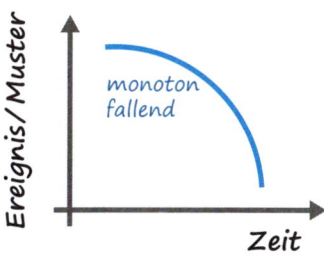

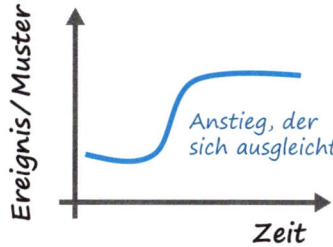

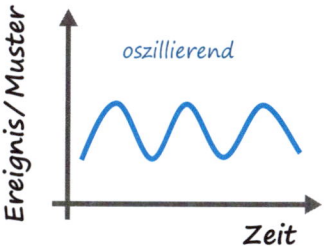

Komplex denken bedeutet immer auch, den »richtigen« Zeithorizont zu wählen. Nicht nur auf singuläre Ereignisse zu achten, ist das eine. Die verschiedenen Zeitrahmen einer Organisation im Blick zu haben, das andere.

Tipp: Schauen Sie auf die Ergebnisse, die in Ihrer Organisation gemessen und beobachtet werden. Welche sind das (Umsatz, geschlossene Neukundenverträge etc.)? Wie oft werden die Ergebnisse gemessen (pro Quartal, wöchentlich etc.)? Welche Ziele sind mit den Ergebnissen verbunden (Wachstum in % pro Quartal etc.)? Wie lange braucht die Organisation, um das zu produzieren oder zu liefern, was gemessen wird (in der Software-Industrie sind Vertriebszyklen von bis zu 18 Monaten keine Seltenheit, der Abschluss eines Handyvertrags im Shop kann zwischen zehn Minuten und zwei Stunden dauern)? Welche Bedeutung haben die verschiedenen Zeithorizonte für Ihr System und Ihre Managementtätigkeit?

Die verschiedenen Variablen, die in der aktuellen Situation für Ihr Problem oder Ihre Aufgabe wichtig sind, haben eigene Zeitverläufe. Und die wiederum können Aufschluss über die Abhängigkeiten und Verknüpfungen geben. Nach der sauberen Problemformulierung und der Definition der einzelnen Elemente, die dabei wichtig sind, werden sie über den Zeitverlauf dargestellt. Es hat sich bewährt, dabei in zwei Schritten vorzugehen.

Hinterm Horizont

Schritt 1: Bestimmen Sie den passenden Zeithorizont. Bei einem Vertriebszyklus von 18 Monaten sollte der Betrachtungszeitraum 54 bis 72 Monate betragen. Das entspricht drei bis vier Zyklen.

Schritt 2: Stellen Sie das Verhalten des Elementes mithilfe eines Graphen dar, ähnlich wie die Kurven bei den klassischen Problemmustern oben. Bestimmen Sie auf der x-Achse das Aussehen am Punkt »Jetzt«, dem aktuellen Moment der Analyse. »Früher« markiert den Beginn links, etwa zwei bis fünf Jahre in der Vergangenheit. Zeichnen Sie so den Verlauf des Verhaltens über den Zeitraum.

Skizzieren Sie für jede Variable Ihr Verhalten über den Zeitverlauf. Eventuell werden die Graphen nicht so gradlinig aussehen wie in den Beispielen oben. Das müssen sie auch nicht, denn Sie arbeiten hierbei oft mit qualitativen Daten.

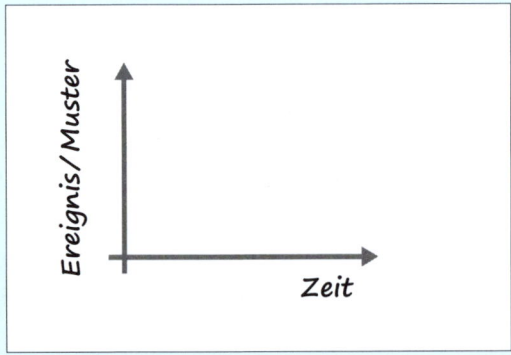

Verstehen kommt vor verändern

Wollen wir, und zwar egal, ob allein oder im Diskurs mit anderen, die Abläufe, Probleme und Aufgaben unseres Managementalltags begreifen, brauchen wir eine geeignete Darstellungsform. Wir brauchen ein Modell der Realität. Die offenste und üblichste Darstellungsform ist Text. In den meisten Organisationen wird dann zur Visualisierung (und zur Dokumentation) PowerPoint verwendet. Was Excel für die Planung, ist PowerPoint für die Darstellung. Leider! Meist wird lediglich eine Unmenge an Prosa auf Folien gebannt und dann auch noch vorgetragen. Von der einschläfernden Wirkung mal abgesehen, ist Text immer einer linearen Struktur unterworfen. Sie müssen ja mit der Erzählung irgendwo beginnen und die einzelnen Punkte in eine Reihenfolge bringen. Es entsteht kein Gesamtbild und schnell gleiten die Diskussionen ab in einzelne Detailaussagen.

> **PROSA ZUM STATUS QUO VON RED BULL 2016 (LAUT WEBSITE)**
>
> »2016 wurden weltweit 6,062 Milliarden Dosen Red Bull verkauft, das bedeutet ein Plus von 1,8 % gegenüber dem bereits sehr erfolgreichen Jahr 2015. Der Unternehmensumsatz stieg von 5,903 Milliarden Euro erstmals über die 6-Milliarden-Euro-Marke und beträgt 6,029 Mrd. Euro. Hauptgründe für die positiven Zahlen sind die hervorragende Absatzentwicklung in den Red-Bull-Märkten Chile (+ 28 %), Skandinavien (+ 13 %), Polen (+ 13 %), die Niederlande (+ 12 %) und Südafrika (+ 10 %) sowie ein konsequentes Kostenmanagement und die Fortführung entsprechender Markeninvestitionen.«

Die Systeme, in denen wir wirken, ließen sich auch durch Gleichungen beschreiben. Das ist die am stärksten formalisierte Darstellungsform und rein quantitativ. Für die praktische Arbeit im Organisationskontext jedoch ungeeignet. Zwischen Text und Gleichung liegen die Darstellungsformen Wirkungs- und Flussdiagramm. Wirkungsdiagramme (oder auch Kausalitätskreise, Feedbackschleifen) ermöglichen eine qualitative Darstellung der Vernetzung im System. Sie werden im Folgenden ausführlich erklärt. Zu den quantitativen Modellen zählen Flussdiagramme, mit denen Bestandsgrößen und deren Zu- und Abflüsse skizziert werden.

Jedes Modell ist eine Vereinfachung, unabhängig von der Visualisierung, die Sie wählen. Ein Modell liefert immer nur einen Auszug der Wirklichkeit und betrachtet ihn statisch.

Bei der Arbeit mit Modellen bitte beachten:

- Modelle sind nicht eindeutig. Verschiedene Sichtweisen auf eine Situation ergeben verschiedene Modelle. Das fördert den Diskurs.
- Modelle sind nicht richtig oder falsch. Sie sind passend oder unpassend.
- Modellbildung ist ein kreativer Prozess.
- Wir sollten uns unserer mentalen Modelle bewusst sein, wenn wir Modelle unserer Systeme entwerfen.
- Modelle fokussieren den Istzustand, nicht den Sollzustand.

Was zeigt welche Wirkung?

Wirkungsdiagramme sind nach meiner Erfahrung *das* Werkzeug zur Darstellung komplexer Zusammenhänge. Sie zeigen Verknüpfungen und Feedbackprozesse im System auf und visualisieren so auch mentale Modelle. Mit ihnen lassen sich Systemstrukturen erkennen, sodass deutlich wird, wo sich ein wesentlicher Hebel zur Beeinflussung von Systemen ansetzen lässt. Zudem sind sie leicht zu erlernen und schnell anwendbar.

Die Systemelemente werden durch Knoten dargestellt. Die Ursache-Wirkungs-Beziehung zwischen den Elementen wird durch Pfeile symbolisiert. Pfeile zeigen dabei von der Ursache zur Wirkung. Damit lässt sich bereits die vernetzte Struktur eines Problems oder eines Teams darstellen. Bei der Wirkungsbeziehung zwischen zwei Elementen wird dazu noch zwischen zwei Formen unterschieden: gleichgerichtet beziehungsweise gegengerichtet. Dabei steht das Pluszeichen für gleichgerichtet und meint »Je mehr von der Ursache, desto mehr von der Wirkung«. Gegengerichtete Wirkungsbeziehungen sind mit einem Minuszeichen gekennzeichnet und stehen für »Je mehr von der Ursache, desto weniger von der Wirkung«. Auf diese Art lassen sich eskalierende und stabilisierende Rückkopplungs- oder Feedbackschleifen im System identifizieren. Machen wir es nun praktisch und beginnen mit einem klassischen Beispiel, dem Henne-Ei-Problem.

Die Entwicklung der Geburtsrate von Hühnern lässt sich über die Wirkungsbeziehung von Ei und Huhn beschreiben.

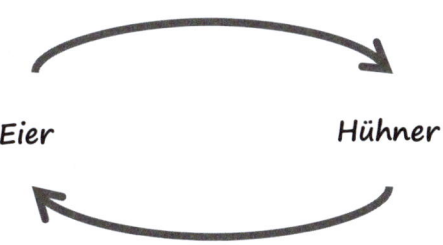

Je mehr Eier, desto mehr Hühner. Und je mehr Hühner, desto mehr Eier. Die Wirkbeziehungen sind also gleichgerichtet. Der Henne-Ei-Kreislauf ist eskalierend, die Feedbackschleife (die Rückkopplung) also positiv. Gäbe es keine weiteren Einflussfaktoren oder Wirkungsgefüge, würde die Anzahl der Hühner und der Eier exponentiell wachsen, und zwar unendlich.

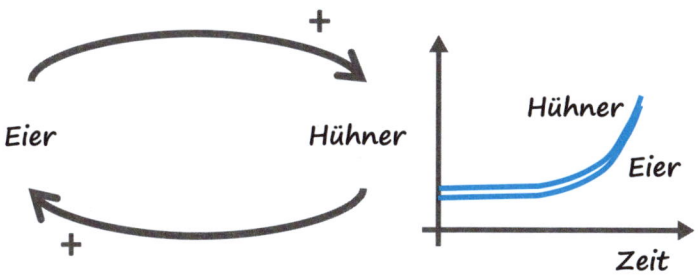

Eines haben Hühnerställe und Organisationen mindestens gemeinsam: Es existiert kein unbegrenztes Wachstum. Die Limitierung wird durch entsprechend negative Feedbackschleifen verursacht. Die frei laufenden Hühner überqueren öfter mal die nächstgelegene Straße. Dabei kommen einige ums Leben, was die Anzahl der Hühner reduziert. Je mehr Hühner es gibt, desto mehr werden die Straße überqueren. Das führt zu weniger Hühnern, was im Wirkungsdiagramm durch das Minus gekennzeichnet ist. Diese negative Rückkopplung wirkt stabilisierend auf die Anzahl der Hühner. Wäre dieser negative Kausalitätskreis der einzige, würde die Zahl der Hühner stetig abnehmen, bis kein Huhn übrig bleibt.

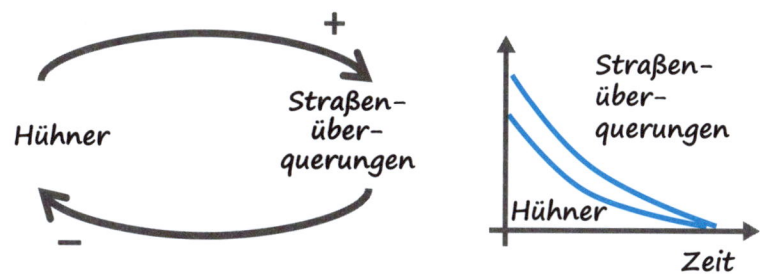

Jedes System besteht aus einem Netzwerk an positiven und negativen Feedbackschleifen. Aus dem Zusammenwirken entsteht die Dynamik eines Systems. Wenn wir dieses Geflecht erkennen und seine Dynamik begreifen, können wir regelnd eingreifen.

»FEEDBACK – EINE GESCHICHTE VOLLER MISSVERSTÄNDNISSE«

In den meisten Organisationen wird unter »Feedback« die »Rückmeldung vom Chef an den Mitarbeiter« oder die Abschlussrunde in einem Seminar verstanden. Dabei wird positives Feedback mit Lob und negatives Feedback mit Kritik gleichgesetzt. Unterm Strich handelt es sich dabei jedoch um nichts anderes als das Mitteilen einer Meinung. Feedback wäre es nur, wenn aufgrund der mitgeteilten Meinung ein Mensch sein Denken korrigiert. Sie können natürlich den Begriff »Rückkopplung« nutzen, wenn Sie über Systeme sprechen, das ist eine Möglichkeit. Oder Sie nutzen den Begriff »Feedback« im systemischen Sinne und finden passendere Worte für die diversen Gesprächsformen. Reservieren Sie am besten die Begriffe »positives Feedback« und »negatives Feedback« für eskalierende beziehungsweise stabilisierende Prozesse.

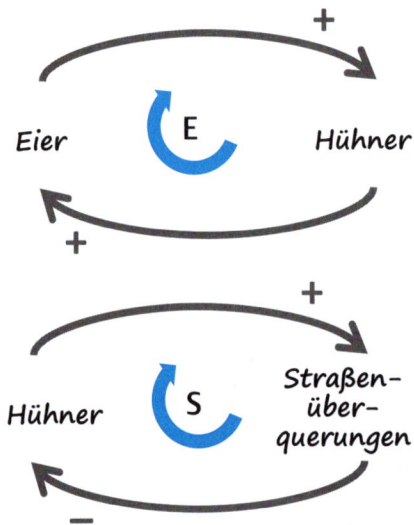

Auch wenn nur zwei Arten von Feedbackschleifen existieren, können Ihre Systemmodelle schnell mehrere Hundert davon enthalten. Fällt es uns noch leicht, einen isolierten Rückkopplungskreis zu verstehen, wird es bei mehreren gekoppelten schon schwierig, denn dann entsteht eine Dynamik.

»Immer stärker« oder »auf ein Ziel zu«

Eskalierende und stabilisierende Feedbackschleifen lassen sich in ihrer Wirkung auch folgendermaßen beschreiben: Eskalierende Schleifen rufen einen Tugend- oder Teufelskreis hervor, denn sie verstärken sich mit jeder Drehung. Stabilisierende Rückkopplungsschleifen bewegen sich auf ein Ziel hin.

Die Hühnerbevölkerung

Was geschieht mit der Anzahl an Hühnern über die Zeit, wenn beide Feedbackschleifen gleichzeitig aktiv sind?

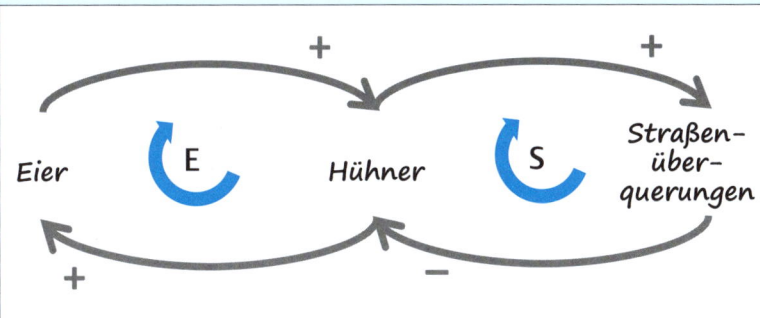

Zeichnen Sie einen Graphen, der diese Frage beantwortet. Nehmen Sie dabei an, dass die Anzahl der Hühner zunächst klein ist, aber mindestens ein Hahn zum Hühnerhaufen gehört. Die Auflösung finden Sie unter dem Stichwort Hühnerpopulation im Glossar.

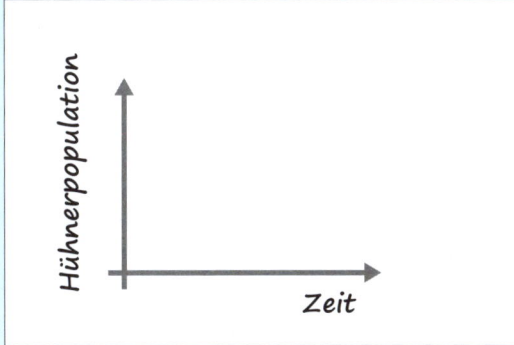

»Feedback is such an all-pervasive and fundamental aspect of behavior that it is as invisible as the air that we breathe. Quite literally it is behavior – we know nothing of our own behavior but the feedback effects of our own outputs.«
WILLIAM T. POWERS

Es verzögert sich ...

Stellen Sie sich einmal vor ...

- ... dass der Forecast und die tatsächlichen Absatzzahlen für Ihr Produkt über einen langen Zeitraum identisch waren. Nun steigt der Absatz sprunghaft um über 50 % an. Was geschieht mit dem Forecast?
- ... dass Sie eine Werbeaktion starten und 1500 Briefe an Adressaten deutschlandweit versenden, alle in gleicher Form etikettiert. Was erwarten Sie für eine »Zustellverteilung«?
- ... dass Sie einen Mitarbeiter mit Kritik konfrontieren und klar vorgeben, welches zukünftige Verhalten Sie sich wünschen. Wann erwarten Sie dieses Verhalten beobachten zu können?
- ... dass plötzlich und unvorhersehbar der Bedarf an Smartphones weltweit um 10 % steigt. Wie lange brauchen die Hersteller beziehungsweise der Markt, um ihre Kapazitäten auf den gestiegenen Bedarf einzustellen?

Wenn Sie über diese Fragen nachdenken, dann denken Sie über Verzögerungen nach. Verzögerungen sind ein kritischer Faktor im Umgang mit komplexen Systemen. Sie wirken nicht offensichtlich, sondern eher versteckt in unseren Systemen. Sie können Instabilität und Ergebnisschwankungen verursachen, andererseits aber auch für einen klareren Blick und eine notwendige Fokussierung sorgen. Verzögerungen sind nicht entweder gut oder schlecht. Es ist eher die Frage, wie wir mit ihnen umgehen. Oft beobachte ich, dass sie gar nicht betrachtet werden. In der linearen Denkwelt liegen Ursache und Wirkung zeitlich nah beieinander. In der Realität jedoch nicht. Ob bei der Problemanalyse oder der Planung von Maßnahmen, wir brauchen ein Verständnis von zeitlichen Verzögerungen im Kontext der Verknüpfungen.

> **MATERIAL ODER INFORMATION?**
>
> Bei Verzögerungen denken die meisten Menschen zunächst an Verzögerungen in der Bereitstellung oder Zustellung physikalischer Ressourcen wie Material. In der Produktfertigung, beim Bau eines Flughafens oder im Genehmigungsprozess für ein Projekt sind immer Güter involviert, die »irgendwo unterwegs sind oder eben nicht«.
>
> Sehr viele Verzögerungen entstehen aber bei der Anpassung unserer mentalen Modelle, unserer Glaubenssätze. Jeder, der sich mit der Führung von Menschen beschäftigt, kann ein Lied über diese »Informationsverzögerung« singen. Kein Mensch ist in der Lage, seine mentalen Modelle instantan anzupassen, sobald er mit neuen Informationen konfrontiert wird. Es braucht immer einen »Adaptionsprozess«.

Unterstellen wir, dass Sie von Ihrem Produkt täglich 500 Stück verkaufen. Die Absatzzahl ist seit Langem stabil, und Sie erwarten, dass dies so bleibt. Plötzlich springt die Zahl auf 1000 Stück pro Tag. Was geschieht mit Ihrer Erwartung? Sie springt nicht mit. Sie passen Ihre Erwartung nicht sofort auf 1000 Stück pro Tag an. Bleibt die tägliche Absatzzahl eine Weile hoch, so wird sich Ihre Erwartung stetig dieser Zahl nähern. Die Verzögerung, die durch den Zeitraum der Anpassung entsteht, hat selbstverständlich Konsequenzen. Eventuell belassen Sie erst mal alles beim Alten, passen Ihre Kapazitäten nicht an. So könnten Ihnen Absatz und Umsatz entgehen. Wenn Sie dann Ihr mentales Modell so weit angepasst haben und nachrüsten, kann der Markt bereits vermehrt von anderen Unternehmen bespielt werden.

In Wirkungsdiagrammen werden Verzögerungen durch ein Linienpaar oder das Wort »delay« kenntlich gemacht.

Schauen wir uns noch ein Beispiel dazu an. Alkohol scheint manchen Menschen ein probates Mittel, um Stress zu regulieren. Subjektiv unterstützt der Konsum von Alkohol sehr bald die Entspannung. Ein stabilisierender Kreislauf. Alkohol hat jedoch nachweislich Langzeitwirkungen auf die Gesundheit. Die Symptome dieser Auswirkungen zeigen sich ja aber nicht sofort, sondern erst über die Zeit. Dann jedoch führt ein schlechterer Gesundheitszustand mitunter zu geringerer Produktivität. Das erhöht den Stress und das wiederum den Alkoholkonsum. Eine eskalierende Rückkopplungsschleife. Nun hat der Alkohol eine Sofortwirkung (auf den

Stresspegel) und eine verzögerte Wirkung (auf die Gesundheit). Das macht es leicht, die Langzeitwirkung zu ignorieren, denn sie ist ja nicht direkt spürbar und sicher kann man auch nie sein, ob eine gesundheitliche Einschränkung wirklich ursächlich dem Alkohol zuzurechnen ist. Alkohol gegen Stress ist ein Paradebeispiel für den Systemurtypen Problemverschiebung, den Sie im Kapitel »Einfluss nehmen – an der richtigen Stelle« ausführlich kennenlernen werden. Hier ist die Wirkung der Verzögerung auf unsere Wahrnehmung und den Umgang mit Systemdynamiken wichtig. Verzögerungen nicht beachten oder in ihrer Bedeutung kleinreden sind die häufigsten Strategien. Sinnvoller ist es, die »delays« zu erkennen und ihren Anteil an der Dynamik zu berücksichtigen.

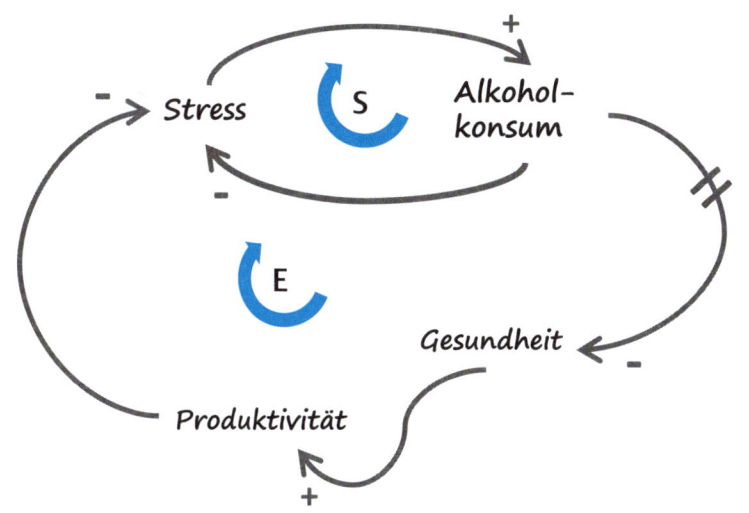

Das Kühlhaus-Experiment

Dietrich Dörner zeigte bereits 1989 in seinem Buch *Die Logik des Mißlingens*, welch große Schwierigkeiten wir mit Zeitverzögerungen haben, wenn es darum geht, ein System zu regeln. In diesem Fall sollten die Studienteilnehmer die Temperatur in einem Kühlhaus per Hand regeln – wobei sie die optimale Temperatur selbst ermitteln mussten. Der entscheidende Aspekt war hier die zeitliche Verzögerung.

Fallbeispiel: zu viel Arbeit

Im Bereich Projekt-Controlling arbeiten 13 Kolleginnen und Kollegen. Sie unterstützen die großen strategischen Projekte in nahezu allen betriebswirtschaftlichen Belangen und sind die Informationsschnittstelle zur Geschäftsführung und zu den Lenkungsausschüssen. Seit geraumer Zeit brodelt es im Team, denn alle stehen unter ständigem Zeitdruck und haben das Gefühl, »für alle anderen Bereiche mitzuarbeiten«. Die Anzahl der Aufgaben sei schlicht zu hoch für die reguläre Arbeitszeit, weshalb sie alle prall gefüllte Arbeitszeitkonten haben. Das Team zeichnet das Bild eines »unüberwindbaren Berges«, der sie mittlerweile richtig frustriert. Die ersten Kollegen denken über eine berufliche Veränderung nach.

Für dieses Fallbeispiel wird nun Schritt für Schritt ein Wirkungsdiagramm entwickelt. Folgende vier Schritte haben sich als Vorgehensweise bewährt:

Schritt 1: Das Hauptproblem benennen
Fragen Sie sich dazu: Was geht hier vor? Über die letzten Monate lag die Arbeitslast (also die Anzahl unerledigter Aufgaben) weit über dem, was die Mitarbeiter im Rahmen ihrer Arbeitszeit schaffen können. Die Formulierung kann aus Sicht der Führungskraft anders aussehen als aus Sicht der Mitarbeiter. Der Diskurs um die Problemformulierung ist ein wichtiger Schritt zu einer gemeinsamen Blickrichtung.

Schritt 2: Die Geschichte des Problems erzählen
Aus der Sicht der Mitarbeiter nimmt die Frustration stetig zu, weil die Arbeitsbelastung zu hoch ist. Das führt zu vielen Überstunden – und dies zu noch mehr Frust. Aus der Sicht der Führungskraft führt die hohe Arbeitslast zu vielen Überstunden und sinkender Produktivität. Die Motivation der Mitarbeiter lässt nach und es drohen Kündigungen. Damit würde die Belastung für die anderen weiter steigen.

Schritt 3: Die Systemelemente definieren
Die wesentlichen Elemente in dieser Story sind: Arbeitslast, Überstunden, Produktivität, Motivation, Kündigung.

Schritt 4: Hypothesen über die Verknüpfungen bilden
Dabei können Sie an verschiedenen Punkten mit dem Wirkungsdiagramm beginnen. Beispielsweise können Sie bei einem Symptom wie den drohenden Kündigungen oder der Motivation der Mitarbeiter beginnen und sich »rückwärts« durch die Wechselbeziehungen arbeiten. Wir beginnen am Anfang, mit dem Hauptproblem »Arbeitslast«. Die Arbeitslast führt zu einer Zunahme von Überstunden.

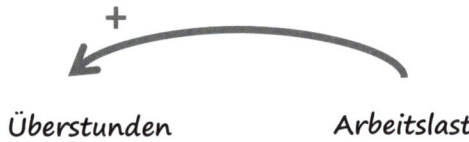

Die Kollegen schaffen es, mit vielen Überstunden einige der unerledigten Aufgaben abzuarbeiten. Das verringert die Arbeitslast.

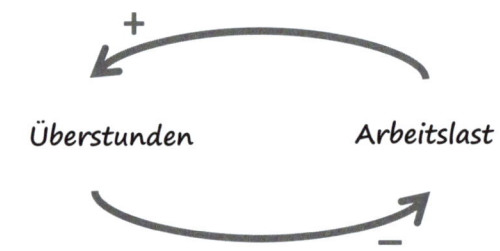

Unter der Dauerbelastung durch zu viele Aufgaben sinkt die Produktivität des Teams. Je geringer die Produktivität, desto geringer die Anzahl erledigter Aufgaben. Damit steigt die Arbeitsbelastung an.

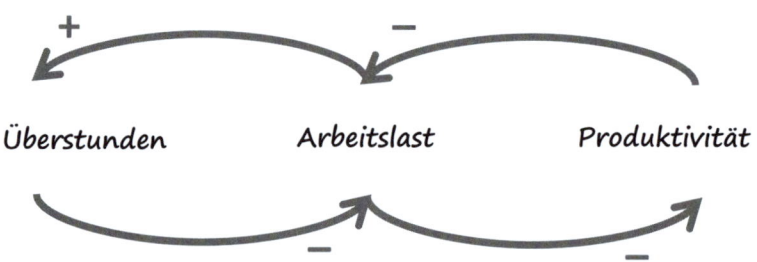

Die hohe Belastung hat auf Dauer einen erheblichen Einfluss auf die Motivation der Mitarbeiter. Eine geringe Motivation kann (vor allem über die Zeit) zu Kündigungen führen.

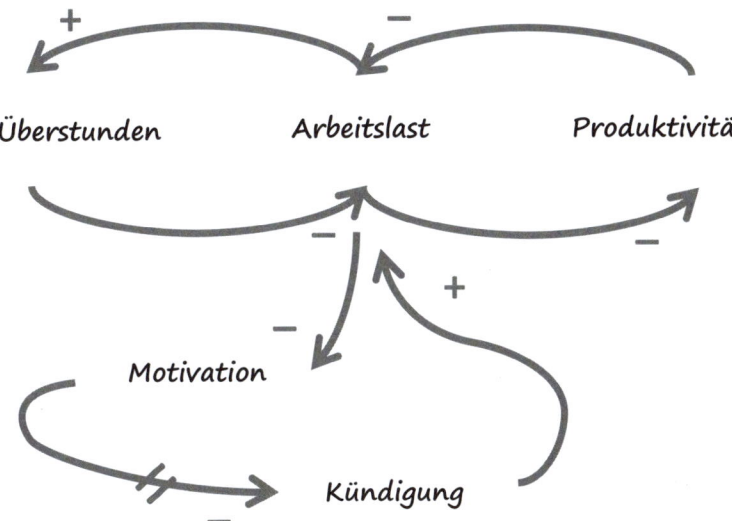

Das Wirkungsdiagramm für das Fallbeispiel kann so aussehen. Es gibt kein richtig oder falsch, denn die konkrete Darstellung hängt zu einem erheblichen Maße von den Annahmen, Sichtweisen und mentalen Modellen des Modellierers ab. Gerade wenn Sie Wirkungsdiagramme in einer Gruppe entwickeln, ergeben sich intensive Auseinandersetzungen über das Problem, die Story, Meinungen und Sichtweisen. Dieser Diskurs ist manches Mal wichtiger und bringt mehr Ergebnisse als das eigentliche Diagramm. Auch ist eine solche Modellierung niemals fertig oder vollständig. Es ist und bleibt ein Modell des eigentlichen Systems.

Im Beispiel sind nun mehrere Feedbackschleifen hintereinandergekoppelt. Ist die Gesamtwirkung nun eskalierend oder stabilisierend? Um das zu bestimmen, gibt es eine einfache Methode – zählen Sie die Anzahl der gegengerichteten Wirkungsbeziehungen, also die Minuszeichen. Ist die Zahl gerade, ist die Gesamtwirkung eskalierend. Bei einer ungeraden Anzahl hingegen haben wir eine insgesamt stabilisierende Wirkung.

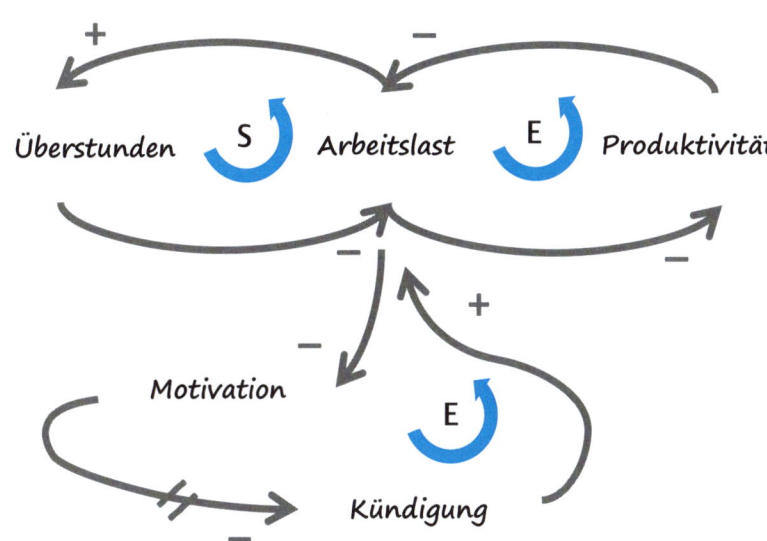

Dos and Don'ts der Wirkungsdiagramme

Was also ist bei Wirkungsdiagrammen zu beachten?

- Formulieren Sie das Problem.
  Eine der anspruchsvollsten Herausforderungen ist eine gute, klare Problemdefinition. Wir sind üblicherweise darauf trainiert, schnell mit einer Problembeschreibung und ersten Lösungsansätzen zur Stelle zu sein. Darin liegt die Krux, denn das Problem muss gut eingegrenzt und präzisiert sein, um daran arbeiten zu können. Finden Sie die Formulierung im Diskurs mit Kollegen, Mitarbeitern und Freunden und lassen Sie andere Sichtweisen einfließen. Es braucht mitunter einige Iterationen, bis das Problem sauber formuliert ist.

- Machen Sie wichtige Verzögerungen deutlich.

- Variablen für Systemelemente sollten Substantive sein.
  Das Wirkungsdiagramm stellt die Struktur eines Systems dar, nicht sein aktuelles Verhalten. Vermeiden Sie auf jeden Fall Verben.

- Variablen sollten konkret und greifbar sein.
  Verwenden Sie Variablen, die in ihrer Bedeutung größer oder kleiner sein können. Oberbegriffe und unklare Variablen lassen sich nicht mit einer eindeutigen Polarität versehen und sind nutzlos.

- Variablen sollten positiv sein.
  Vermeiden Sie Präfixe, die Ihren Variablen eine negative Bedeutung geben (Nicht-, Un-, In- etc.). Nutzen Sie stattdessen Begriffe, die in ihrer Grundausrichtung positiv sind.

- Benennen und nummerieren Sie jeden Rückkopplungskreis.
  Sobald Sie beginnen, Aufgaben- und Problemstellungen in Rückkopplungsdiagrammen darzustellen, hantieren Sie mit mehr Rückkopplungskreisen, als Sie überblicken können. Aus diesem Grund ist es sinnvoll, jedem einzelnen Kreis einen Namen und eine Nummer zu geben. So lässt sich auch ein umfangreiches Diagramm noch vorstellen und erläutern.

- Ein Wirkungsdiagramm ist nie fertig.
  Nehmen Sie in Kauf, dass es mehrere Iterationen eines Diagramms gibt. Dabei verändern sich gegebenenfalls die Detailliertheit, die Variablen selbst oder ihre Verknüpfungen. Versuchen Sie nicht, *das* Diagramm, sondern ein gutes Diagramm zu skizzieren.

Der Fall: Personal Training

Jetzt sind Sie dran. Üben Sie sich in der Erstellung von Wirkungsdiagrammen. Nehmen Sie sich ein aktuelles tatsächliches Problem aus Ihrem Arbeitsalltag vor oder das folgende Fallbeispiel.

PTfM (TEIL I)

Vor einigen Jahren hat in Münster ein etabliertes Unternehmen für Sportbekleidung einen weiteren Geschäftsbereich eingeführt. PTfM bietet ein auf Manager zugeschnittenes Fitnesstraining mit einem Personal Trainer an. Zeitlich flexibel und an den individuellen Bedürfnissen der Manager orientiert, arbeiten bei PTfM viele junge, sportliche Mitarbeiter mit hervorragenden Ausbildungen im Fitness- und Gesundheitssport. Die Kunden können, je nach Wunsch, in die Räumlichkeiten von PTfM kommen oder das Training im eigenen Zuhause genießen. Von Beginn an war der Geschäftsbereich auf Wachstumskurs. Schnell wuchsen die Anzahl der Kunden, Standorte, Mitarbeiter und das Angebot.

Dann jedoch fielen dem Management von PTfM Veränderungen in den Zahlen auf. Das Kundenwachstum schien zu stagnieren und die Umsätze fielen auf ein niedrigeres Niveau. Wurden die Standortleiter befragt, so nannten sie diverse Probleme. Von Kundenbeschwerden wegen mangelhafter Übungsanleitung über verspätete Mitarbeiter, mangelnde Hygiene im Fitnessraum bis zu fehlender Ausrüstung. Ein klarer Trend war nicht erkennbar.

PTfM – was ist hier los?

Benennen Sie die wesentlichen Elemente aus dem Fallbeispiel und zeichnen Sie deren Zeitverlauf in einen Graphen.

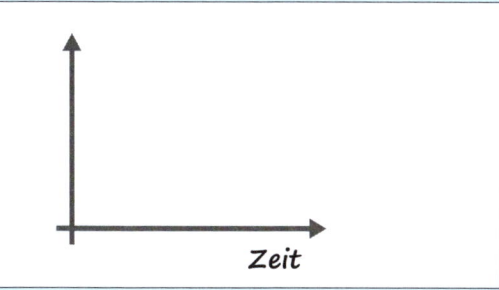

Wie erklären Sie sich die auftretenden Probleme bei PTfM?

_____

_____

Was genau sollte das Management von PTfM tun?

_____

_____

_____

Was sollte das Management bei seinen Überlegungen noch berücksichtigen?

_____

_____

PTfM (TEIL II)

Nachdem der neue Geschäftsbereich am ersten Standort erfolgreich gestartet war, kam schnell die Idee auf, das Erfolgskonzept zu vervielfachen und mit mehreren Fitnesshallen mehr Kunden (E) und somit einen höheren Umsatz (E) zu generieren. Mit steigendem Umsatz nahm der Gewinn (E) zu, und damit wuchsen auch die Investitionsmittel (E), um weitere Standorte (E) zu etablieren.

Die PTfM-Schleife

Zeichnen Sie für die Systemelemente das entsprechende Wirkungsdiagramm. Das Symbol (E) hinter den Begriffen signalisiert ein Systemelement, das Sie berücksichtigen sollten.

PTfM (TEIL III)

Bei genauer Betrachtung der Vorgänge beim Personal-Training-Anbieter fällt auf, dass mit steigender Anzahl von Standorten auch die Zahl der neuen Mitarbeiter (E) gestiegen ist. Immer mehr Mitarbeiter kamen dazu, die nie in der »Ursprungsfiliale« von PTfM gearbeitet haben. Sie haben die Philosophie (E), also die Prinzipien, die Vision und die Grundhaltungen, nicht kennengelernt, die einst den Geschäftsbereich haben blühen lassen. Die neuen Mitarbeiter versuchten sich »einzufinden«, was bei vielen jedoch zu Frustration und sinkender Motivation führte. In der Folge kamen sie zu spät oder auch mal gar nicht. Die Mitarbeiterleistung (E) insgesamt ließ stark nach. Gleichzeitig kam es auch bei den Kunden zu Irritationen wegen mangelnder Aufmerksamkeit der Trainer (E) und fehlender Geräte (E). Sie empfahlen PTfM nicht mehr oder, noch schlimmer, taten ihren Unmut öffentlich kund. Die Zahl der Neukunden (E) sank.

Das große Bild

Ergänzen Sie das vorherige Wirkungsdiagramm um eine weitere Feedbackschleife mit den Elementen aus Teil III.

Betrachten Sie die beiden Feedbackschleifen, und entscheiden Sie, ob es sich um eskalierende oder stabilisierende Kreisläufe handelt. Markieren Sie die beiden Kreisläufe entsprechend.

Hat sich Ihr Blick auf das, was bei PTfM vorgeht, durch das erweiterte Wirkungsdiagramm verändert? Was sehen Sie eventuell anders als vorher?

Welche Vorschläge haben Sie für das Management von PTfM?

_____

_____

Auf welche Elemente sollte das Management am meisten achten? Wo liegt Ihrer Meinung nach die größte Hebelwirkung?

_____

_____

Sie finden im Glossar (s. PTfM) eine mögliche Lösung für die beiden Wirkungsdiagramme.

»Remember, always, that everything you know, and everything everyone knows, is only a model. Get your model out there where it can be viewed. Invite others to challenge your assumptions and add their own.« DONELLA H. MEADOWS

Ab in die Wanne

Mit Wirkungsdiagrammen sind Sie nun so weit vertraut, dass Sie beginnen, sie zur Problem- und Systemanalyse einzusetzen. Gleichzeitig hat diese Form, Verknüpfungen und Feedbackschleifen darzustellen, ihre Grenzen. Eine wichtige Grenze ist dabei die Unmöglichkeit, damit Bestände und Bestandsveränderungen (Zu- und Abflüsse) zu erfassen. Stocks (Bestände) und Flows (Bestandsveränderungen) sind in der dynamischen Systemtheorie jedoch von zentraler Bedeutung, weshalb der folgende Abschnitt die Arbeit mit Stock-Flow-Diagrammen beschreibt. Zum Einstieg nehme ich Sie dazu mit in die Badewanne (also gedanklich), das klassische Beispiel für Bestand/Bestandsveränderung.

Betrachten Sie in Gedanken eine mit Wasser gefüllte Badewanne, in der ein Stöpsel dafür sorgt, dass das Wasser nicht abläuft. Sie haben so ein statisches, gleichbleibendes System. Ziehen Sie nun den Stöpsel, fließt das Wasser ab und der Bestand sinkt. Sobald die Wanne nur noch zu einem Drittel mit Wasser gefüllt ist, drehen Sie den Hahn auf, um Wasser nachlaufen zu lassen. Die Rate des abfließenden Wassers entspricht genau der Rate des zufließenden Wassers, was das System in ein dynamisches Gleichgewicht bringt. Die Wassermenge bleibt konstant, obwohl ständig Wasser ab- und zufließt. Verschließen Sie den Ablauf wieder mit dem Stöpsel, wird die Badewanne volllaufen.

wenig in Betracht gezogen wird, sind die Abflüsse. Ihr Einfluss auf den Bestand ist ebenso groß und regelnd. Wie bei der Modellierung mithilfe von Wirkungsdiagrammen geht es bei der Betrachtung von Beständen und Veränderungen darum, das zeitabhängige Systemverhalten zu verstehen und Ansatzpunkte zur Beeinflussung zu finden.

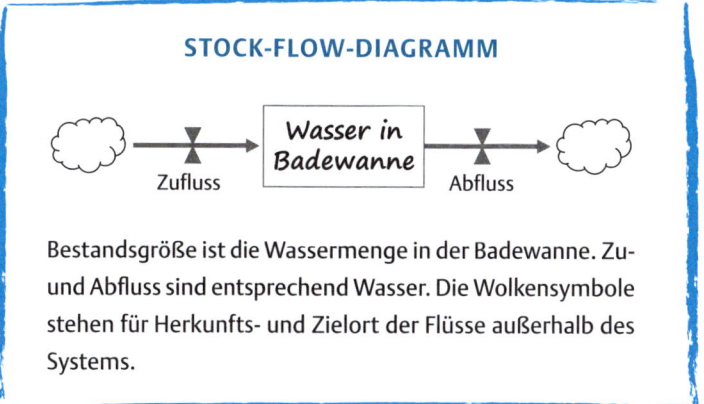

STOCK-FLOW-DIAGRAMM

Bestandsgröße ist die Wassermenge in der Badewanne. Zu- und Abfluss sind entsprechend Wasser. Die Wolkensymbole stehen für Herkunfts- und Zielort der Flüsse außerhalb des Systems.

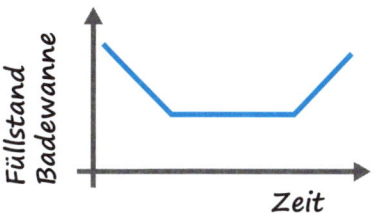

Die Darstellung ist stark vereinfacht und die Badewanne als System mit genau je einem Zu- und Abfluss überschaubar, macht aber das Prinzip klar.

Im Managementalltag fokussieren viele Menschen vor allem auf die Bestände (und werden im schlimmsten Fall deren Verwalter). Wie viel Wasser ist denn gerade in der Wanne? Der zweite Blick gehört eventuell noch den Zuflüssen. Was müssen wir reinlaufen lassen, um den Bestand auf die gewünschte Größe zu heben? Was meiner Erfahrung nach zu

Bestände eines Systems akkumulieren über den Zeitverlauf und können zu einem Zeitpunkt gemessen werden. Die Füllmenge der Badewanne ist also zeitpunktbezogen. Flüsse erhöhen beziehungsweise reduzieren die Bestandsgröße und können nur über einen Zeitraum gemessen werden. Bestände verändern sich nur über die jeweilige Zu- oder Abflussrate. Es gibt keine direkte Möglichkeit, auf sie einzuwirken. Damit lässt sich eine wesentliche Erkenntnis über Systeme aus der Badewanne schöpfen: Bestände verändern sich üblicherweise nicht schlagartig. Es braucht Zeit, um die Badewanne voll- oder leerlaufen zu lassen. Bestände verändern sich langsam. Dabei ist es egal, ob Ihr Bestand die Wassermenge in

DAS SERVICECENTER

Der IT-Bereich einer meiner Kunden betreibt einen internen Helpdesk, bei dem sämtliche Kundenanfragen eingehen. Per E-Mail, durch persönlichen Besuch und über Telefon können Störungen, Probleme und Fragen dort adressiert werden. Die meisten Beschwerden über den Service des Helpdesk beziehen sich auf die lange Wartezeit in der Telefonschleife. Die Rate, in der Kunden »verarbeitet« werden können, hängt von der Anzahl der Servicemitarbeiter, deren Produktivität (Kunden pro Stunde und Mitarbeiter) und der Arbeitszeit ab. Steigt die Anzahl der Kundenanfragen, so können die Mitarbeiter Überstunden machen, auf das Mittagessen verzichten oder Ähnliches, um mehr Kunden zu bedienen. Schnell ist klar, dass die Abflussgröße ein Zusammenspiel aus Zahl der Mitarbeiter, Produktivität und Arbeitszeit ist. Würden die sich ergebenden Rückkopplungsschleifen auf den Bestand »Kunden in Warteschleife« angesetzt, ergäben sich negative Wirkungsbeziehungen, der Sachverhalt wäre falsch dargestellt.

Korrekt dargestellt sieht das Stock-Flow-Diagramm so aus:

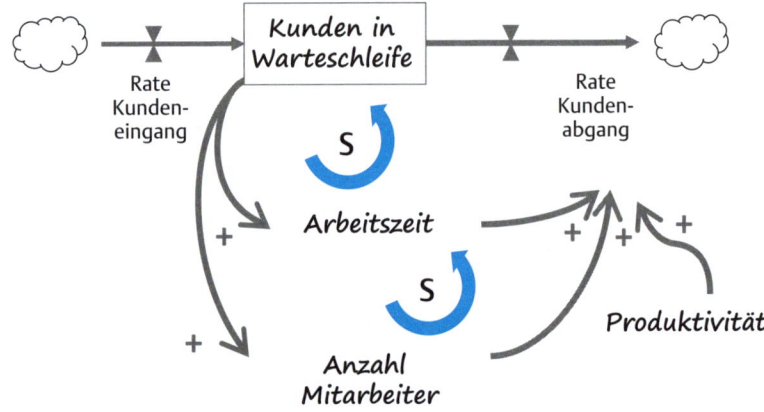

Kunden gehen nur über die Rate Kundenabgang aus dem System.

der Wanne, die Mitarbeiterzahl Ihrer Organisation, das Fahrgastaufkommen in einem ICE oder Ihr Kontostand ist. Er verändert sich nur durch Zu- oder Abflüsse, und zwar träge.

Bestände sind damit so etwas wie ein Reservoir, ein Puffer im System. Die zeitliche Verzögerung durch Zu- und Abfluss kann sowohl Probleme als auch Chancen mit sich bringen. Die entstehende Eigendynamik lässt sich nutzen. Der Bestand macht es möglich, dass seine Veränderung asynchron verlaufen kann. Zu- und Abflüsse müssen also nicht voneinander abhängen. Das Plus auf Ihrem Konto gibt Ihnen die Möglichkeit, diesen Monat mehr auszugeben, als Sie einnehmen. Der Vorrat in Ihrem Kühlschrank sorgt dafür, dass Sie mehrere Tage zwar essen, aber nicht einkaufen.

Das ist alles leicht nachzuvollziehen und überschaubar, solange wir auf dieser Flughöhe über einfache Beispiele nachdenken. Was aber geschieht, wenn wir Systeme mit mehreren Rückkopplungsschleifen und Verzögerungen verstehen wollen? Schauen wir auf ein Beispiel (nebenstehend).

Wann macht es nun Sinn, mit Wirkungsdiagrammen zu arbeiten und wann mit Stock-Flow-Diagrammen? Zur Betrachtung physikalischer Prozesse oder wenn es um Bestände geht, deren Verhalten einen großen Einfluss auf die Dynamik des Systems hat, sind Stock-Flow-Diagramme zu bevorzugen. Modellieren Sie beispielsweise den Weg eines Produktes durch die Produktionskette, so wird es dabei viele Bestände und Bestandsveränderungen geben. Das zugehörige Wirkungsdiagramm kann eher verwirrend als aufschlussreich sein und den Weg nicht gut abbilden. Gleichzeitig müssen für die intensive Auseinandersetzung mit Stock-Flow-Diagrammen noch viele Aspekte berücksichtigt werden. Sie alle zu erarbeiten, sprengt den Rahmen dieses Arbeitsbuches. Wollen Sie tief einsteigen, empfehle ich Ihnen das Buch *Business Dynamics* von John D. Sterman (2000).

Für einen »artgerechten« Blick auf komplexe Systeme reichen hier zunächst die wichtigsten Erkenntnisse:

- Der Bestand verändert sich *nur* über Zu- und Abfluss.
- Der Bestand ist zeitpunktbezogen.
- Zu- und Abfluss sind zeitintervallbezogen.
- Bestandsveränderungen sind träge.

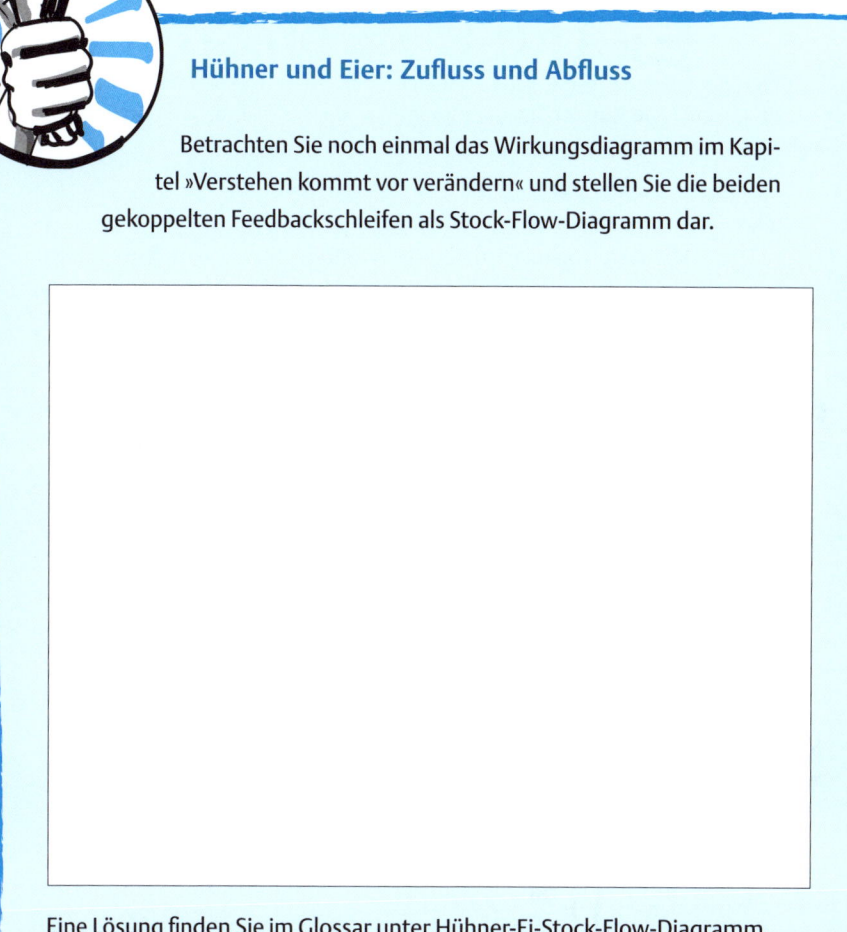

Hühner und Eier: Zufluss und Abfluss

Betrachten Sie noch einmal das Wirkungsdiagramm im Kapitel »Verstehen kommt vor verändern« und stellen Sie die beiden gekoppelten Feedbackschleifen als Stock-Flow-Diagramm dar.

Eine Lösung finden Sie im Glossar unter Hühner-Ei-Stock-Flow-Diagramm.

5 Einfluss nehmen – an der richtigen Stelle

Mit den vorherigen Kapiteln haben Sie sich mehr systemisches Verständnis erarbeitet und Ihren Blick auf Probleme und Systeme erweitert. Also steht spätestens jetzt die Frage im Raum: »Und nun?« Sie wollen ja lenken, Einfluss nehmen, korrigieren. Und auch hierzu wird es kein fertiges Rezept geben, das einzelne Schritte bis zur Glückseligkeit auflistet und vorgibt. Ein Rezept kann es nicht geben, Komplexität bedeutet immer Kontext! Aber es gibt natürlich Werkzeuge, Ansatzpunkte und typische Systemdynamiken, die Ideen zur Einflussnahme auf komplexe Systeme liefern. Zuvor möchte ich ein paar Gedanken zu Wandel und Stabilität von Systemen mit Ihnen teilen.

> **ZUSTAND ODER EIGENSCHAFT?**
>
> Befragen Sie heute alle Mitarbeiter zu ihrer Bindung zum Unternehmen, so bekommen Sie einen Wert. Der gibt Auskunft über den aktuellen *Zustand*, gemessen (oder erfragt) zu einem *Zeitpunkt*. Der Wert verändert sich möglicherweise, jedoch existiert immer irgendeine Form von Bindung.

Optimieren oder verändern?

Um ein System zu beeinflussen, müssen Sie wissen, was darin fix und was veränderbar ist. Stabilität und Veränderung sind für Systeme immer grundlegend notwendig, keines kommt ohne das andere aus. Ob die einzelnen Aspekte stabil sind oder nicht, lässt sich jedoch erst über den Zeitverlauf erkennen, sie entziehen sich einer Momentaufnahme. Sonst wären sie rein statisch und ohne Zeitbezug.

Zu wissen, was die Stabilität ausmacht und was sich wandeln lässt, ist essenziell und ermöglicht es, große Hebel anzusetzen. Meiner Erfahrung nach stecken Manager viel Energie in Optimierung. Das bedeutet, sie verbessern etwas innerhalb stabiler Systemstrukturen. Sie überlegen, wie der Wert »Bindung der Mitarbeiter« gesteigert werden kann. Welche Maßnahmen beeinflussen diesen Wert direkt? Helfen uns finanzielle Anreize oder gemeinsame Veranstaltungen? Das System bleibt gleich, der Wert verändert sich (möglicherweise). Das nennt man Optimierung oder Wandel erster Ordnung. In vielen Situationen reicht das nicht, es braucht einen strukturellen Wandel, einen Wandel zweiter Ordnung.

Was in der Art der Zusammenarbeit, in der Organisationsform, dem Umgang mit Verantwortung und Vertrauen und so weiter hat einen Einfluss auf die Mitarbeiterbindung? Beim strukturellen Wandel fokussiert der Blick auf die vorherrschenden Bedingungen. Die Kunst ist es, zu unterscheiden, wann welcher Wandel sinnvoll ist. Eines aber ist klar (und lässt sich leider oft beobachten): Für Probleme und Aufgaben, die einen strukturellen Wandel brauchen, ist Optimierung der falsche Ansatz und verstärkt im schlimmsten Fall die Symptome.

> **Wandel erster und zweiter Ordnung**
> Paul Watzlawick prägte diese Begriffe in seinem Buch *Lösungen: Zur Theorie und Praxis menschlichen Wandels* (1975). Der Wandel erster Ordnung entspricht der Lösungsstrategie »Mehr vom Gleichen«, der Wandel zweiter Ordnung zielt auf »Strukturänderung«.

Der passende Hebel

Sie haben im Kapitel »Wissen, Glaube, Erkenntnis und andere Fantasien« die Ebenen des Systemverständnisses bereits kennengelernt. Dieses Denkmodell wird hier noch einmal besprochen, denn es bietet Ihnen ein Denkwerkzeug, um mit Ihrem Team an einer Situation zu arbeiten und einen passenden Ansatzpunkt zu finden. In der Literatur zu systemischem Denken wird oft der Eisberg als Modell genutzt, ich stelle Ihnen das Bergwerk vor. Es hilft Ihnen, aus verschiedenen Blickwinkeln auf eine Situation, ein System zu schauen und so gute Ideen zu den Vorgängen im System zu bekommen. Nicht nur Ereignisse, sondern auch Trends, Muster und Strukturen lassen sich so betrachten. Gleichzeitig unterstützt es Sie darin, Ihre mentalen Modelle zu hinterfragen, denn sie haben einen enormen Einfluss auf Strukturen & Co. Am Ende ist Ihre Denkweise das Einzige, was Sie selbst verändern können.

Beim Bergwerk sehen wir an der Oberfläche nur die Kohle, das Erz oder die sonstigen geförderten Rohstoffe. Die eigentliche Arbeit findet unter Tage in Schächten und Stollen statt. Die konkreten Ereignisse zeigen sich über Tage. Sie können wir beobachten und auf sie können wir reagieren. Unsere Managementtätigkeit ist damit nur reaktiv. Wir können reparieren. Das ist für viele Ereignisse notwendig und gut, lenkt unsere Aufmerksamkeit aber nicht auf die tieferliegenden Ebenen. Aber da sollte sie *auch* hin.

Unter der Oberfläche lassen sich **Trends und Muster** identifizieren, wenn Sie das System über einen Zeitraum beobachten. Auf dieser Ebene finden Sie Antworten auf die Fragen »Was ist passiert?« und »Was hat sich geändert?«. Die Ereignisse lassen sich als Bestandteile der Muster erkennen. Machen Sie sich bewusst, dass die Muster, die Sie erkennen, Ihre Interpretationen sind. Sie arbeiten also mit Hypothesen, nicht mit Fakten. Mit der Beobachtung der Muster nimmt die Anzahl der Handlungsoptionen für uns zu. Wir können antizipieren, was vor sich geht, und beginnen nach der Ursache zu suchen.

Auf der dritten Ebene, tiefer im Bergwerk, liegen die **Strukturen**, die die Muster und Ereignisse verursachen. Strukturen sind Regeln, Normen, Machtverhältnisse, Ressourcenverteilung, informelle Netzwerke und so weiter. Ein großer Teil der Strukturen ist nicht materiell und nicht sichtbar. Die Struktur beantwortet, wie die Muster entstanden sind. Auf dieser Ebene haben wir Möglichkeiten zu echter Veränderung.

Darunter liegen die **mentalen Modelle**. Ihre Denkweise ist darüber definiert und somit die Strukturen, die Sie schaffen und die sich in entsprechenden Mustern manifestieren. Mentale Modelle beinhalten die grundlegenden Werte, Annahmen und Glaubenssätze, die bewussten und die unbewussten. Am Ende des Tages entscheiden Ihre mentalen Modelle, welche Methoden, Richtlinien, Leitplanken Sie setzen, abhängig davon, was Sie über sich, Ihre Rolle, Mitarbeiter, Produkte, den Markt, Menschen im Allgemeinen und so weiter denken. Je mehr wir erkennen, was unter Tage passiert, desto besser können wir Einfluss nehmen. Die Hebelwirkung wird umso größer, je tiefer wir vordringen.

Wir sind an einem elementaren Punkt des komplexen Denkens angelangt. Sie haben Ihr Verständnis für die Hebelkraft der Systemstruktur erweitert. In ihr liegen die wirkungsvollen Veränderungspotenziale. Also geht es jetzt »nur noch« darum, die Strukturen in Organisationen zu erkennen, und dann wird alles gut? Jein! Den Zusammenhang zwischen Ereignissen und Systemstruktur herzustellen und die Struktur damit zu erkennen, ist das eine. Sie in ihrer Dynamik zu verstehen, das andere. Dazu ist das Wissen um einige Grundstrukturen elementar. Diese Systemurtypen finden sich im Alltag immer wieder und sind wie Muster identifizierbar. Die

»Digging for insights«

Um mit Ihrem Team einem Problem auf den Grund zu gehen, stellen Sie sicher, dass alle Beteiligten das Problem lösen wollen und offen miteinander diskutieren. Für die konkrete Arbeit mit dem Bergwerkmodell schlage ich folgenden Ablauf vor.

Schritt 1: Stellen Sie den Teilnehmern das Bergwerkmodell vor.

Schritt 2: Skizzieren Sie das Bergwerk mit seinen Ebenen auf einem Flipchart-Bogen oder an der Stellwand. Halten Sie einen Vorrat an Post-its parat.

Schritt 3: Benennen Sie ein prägnantes Ereignis (kein Alltagsgeschehen), das einen signifikanten Effekt auf Ihr System hat. Formulieren Sie beschreibend und so konkret wie möglich, was vor sich geht; verzichten Sie auf Bewertungen und Interpretationen.

Schritt 4: Schreiben Sie das Ereignis auf ein Post-it und kleben Sie dies auf die Ebene Ereignis im Modell.

Schritt 5: Betrachten Sie das Ereignis in Ruhe, und überlegen Sie gemeinsam, zu welchen Mustern es gehören könnte.

Schritt 6: Halten Sie die gefundenen Muster auf jeweils einem Post-it fest und kleben Sie sie auf die Ebene Trends / Muster im Bergwerkmodell. Stellen Sie sicher, dass unter den Beteiligten Einigkeit über die Muster herrscht. Alle sollten den formulierten Mustern zustimmen.

Schritt 7: Fragen Sie sich, welche Strukturen die jeweiligen Muster verursachen.

Schritt 8: Notieren Sie auf jeweils einem Post-it die Strukturen und kleben Sie die Haftnotizen auf die Ebene Struktur. Überprüfen Sie immer wieder, ob die Zuordnung der Post-its zu den Ebenen stimmt. Muster und Struktur werden mitunter leicht verwechselt.

Schritt 9: Decken Sie die mentalen Modelle auf, die zu genau den Strukturen führen. Was meint das Team, welche Denkweisen »im Spiel« sind? Zur Unterstützung können Sie die Teilnehmer Formulierungen finden lassen, die mit »Ich denke …«, »Ich weiß, dass …« oder »Ich glaube …« beginnen.

Schritt 10: Nutzen Sie Klebepunkte oder Ähnliches, um aus der Menge der gefundenen Glaubenssätze von jedem Teilnehmer drei auswählen zu lassen. Zu diesen drei wichtigsten Glaubenssätzen sollte jeder für sich und dann das Team insgesamt darüber reflektieren, was sie dazu denken und fühlen. Welche Glaubenssätze leben in jedem Einzelnen?

Schritt 11: Fragen Sie sich, was Sie über sich und Ihr System gelernt haben und was mögliche Konsequenzen daraus sind.

Bei dieser Arbeit ist es wichtig, immer wieder genügend Zeit und Raum für die Reflexion der Einzelnen und des Teams zuzulassen. Es geht nicht darum, so schnell wie möglich tief ins Bergwerk einzufahren, sondern Erkenntnisse zu gewinnen, Verknüpfungen zu verstehen, Zusammenhänge herzustellen und den eigenen Anteil an den Vorgängen zu erkennen.

Lösung vieler Probleme wird leichter, wenn man die Grund- oder auch Archetypen verstanden hat.

Systemarchetypen

Der Begriff »Systemarchetypen« ist eng mit den Namen Peter M. Senge verbunden. Hat er doch in seinem Buch *Die fünfte Disziplin* (1996) das Konzept von Grundtypen auf Organisationen übertragen und dort neun Systemarchetypen ausführlich beschrieben. Den Begriff »Archetyp« prägte jedoch Carl Gustav Jung rund 70 Jahre früher.

Grundtypen bestehen aus den »alten Bekannten«, nämlich eskalierenden oder stabilisierenden Rückkopplungsschleifen und Verzögerungen. Hat man die Grundtypen in seinem eigenen Kontext ausgemacht, so lässt sich das Systemverhalten besser verstehen und die passenden Hebel für Veränderung können identifiziert werden. Im Folgenden werde ich Ihnen die wichtigsten Grundtypen vorstellen:

1. Problemverschiebung
2. Eskalation
3. Erfolg den Erfolgreichen
4. Grenzen des Wachstums

1. »Das Problem verschiebt sich«

> **»UNSERE TIME-TO-MARKET IST ZU LANG«**
>
> So beschreibt ein international tätiges Unternehmen aus der Transport- und Logistikbranche ein wesentliches Problem seiner Produktbereitstellung. Dahinter steht, wie so oft, der Gedanke von Effizienz und Kosteneinsparung als eigentliche Absicht. Werden Großkunden angenommen und die entsprechenden Produkte etabliert oder ein neuer Lieferant in die Prozesse eingebunden, so stellt sich die Time-to-Market als unbefriedigend lang heraus. Um genau das zu umgehen, werden immer wieder Quick-and-dirty-Lösungen geschaffen. Mal wird schnell ein zusätzliches IT-System gebaut oder es werden Organisationseinheiten übergangen oder Vorhaben umbenannt (damit sie »passen«), oder, oder, oder. Diese schnellen Lösungen haben jedoch Effekte. Es entstehen redundante IT-Systeme und parallele Prozesse, um die sich in der Folge jemand kümmern muss. Der Aufbau und Betrieb kosten Zeit und Geld, die für die eigentliche Lösung fehlen. Viele der Diskussionen, die dort geführt werden, drehen sich darum, diese »Schatten-IT« und die nicht gewünschten Vorgehensweisen zu handhaben. Das Problem hat sich verschoben, die grundsätzliche Lösung steht nicht mehr im Fokus.

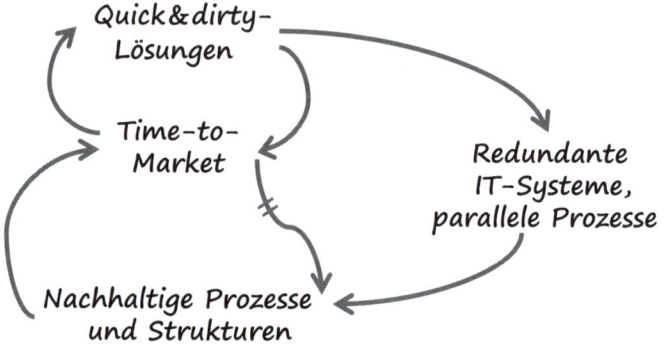

Symptom ist nicht gleich Problem

Symptome zu behandeln statt nach Ursachen zu forschen, ist eine Systemurform, die in Organisationen täglich zigfach anzutreffen ist. Innovationsprojekte werden aufgesetzt, wo besser ein Miteinander gestaltet würde, das die Entwicklung von Ideen fördert. Es wird über RACI-Matrizen diskutiert, statt Vertrauen und Kooperation zu fördern. Oder es entstehen ausufernde Diskussionen über die zu gestaltende Folie, während man es versäumt, Silo-Denken und -Handeln zu beheben. Diese Liste lässt sich endlos erweitern.

Probleme zeigen sich über ihre Symptome. Werden diese Symptome »behandelt« und kurzfristig sogar beseitigt, glauben wir leicht, das Problem sei gelöst. Das ist die Krux mit tiefer liegenden Problemen. Sie zu beheben bedeutet, genau hinzuschauen, zu hinterfragen und offen in den Diskurs zu gehen. Die Ursache ist zudem oft nicht sofort offensichtlich und die grundlegende Lösung dauert meistens länger als die

Behandlung des Symptoms. »Das erledigt sich dann schon von selbst« – diese Hoffnung stirbt zuletzt, aber sie stirbt. Oft verstärkt sich das Grundproblem sogar noch. Deshalb: Lassen Sie sich nicht zu schnellen symptomatischen Lösungen verleiten, auch wenn kurzfristige Abhilfe verlockend klingt und »Druck rausnimmt«.

Die Systemstruktur »Problemverschiebung«

Zwei stabilisierende Rückkopplungskreise wirken auf dasselbe Problemsymptom ein. Ganz im Sinne von »quick and dirty« schafft der obere Regelkreis schnell Abhilfe und beseitigt das Symptom, zumindest kurzfristig. Sie wirkt aber eben nur auf das Symptom ein, einen direkten Bezug zum eigentlichen Problem hat diese Lösung nicht. Man kann also das Symptom bearbeiten (oberer Rückkopplungskreis) und schnell kurzfristige Abhilfe schaffen oder das Problem ursächlich angehen (unterer Rückkopplungskreis). Die ursächliche Problemlösung dauert jedoch fast immer etwas länger als die Symptombehebung, denn sie setzt auf einer anderen Ebene an und benötigt eine gründliche Problemanalyse. Es entsteht eine Zeitverzögerung, die es in den auf Tempo und Effizienz gedrillten Organisationen so verführerisch macht, die schnelle Symptombehebung zu wählen. Das Problem jedoch bleibt bestehen. Die Lösung des Grundproblems kann durch den Effekt der Symptombehandlung sogar noch weiter erschwert werden. Es entstehen immer mehr »Nebenschauplätze«. So ist, wie im Beispiel des Logistikunternehmens, das Etablieren nachhaltiger Prozesse schwieriger, je mehr individuelle Vorgehensweisen genutzt werden. Das eigentliche Problem wird im Rückkopplungsdiagramm nicht dargestellt, es ist implizit im unteren Rückkopplungskreis enthalten, denn nur die Lösung des Grundproblems kann darauf einwirken. Die Problemverschiebung ist mitunter deshalb so schwer zu erkennen, weil sie einen subtilen Verstärkungskreis hat, der die Abhängigkeit von der symptomatischen Lösung vergrößert. Die Struktur dieses Systemtyps neigt dazu, regelmäßig Krisen zu provozieren. Dann werden weitere symptomatische Lösungen angestoßen, die kurzfristig erfolgreich sind. Alles scheint gut, aber der Schein trügt.

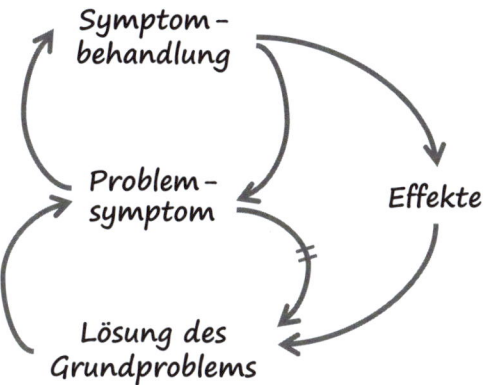

Wie Sie eine Problemverschiebung auflösen

Achten Sie besonders auf Probleme, die immer wieder auftreten. Behandeln Sie sie nur symptomatisch, stehen Sie nach einiger Zeit wieder vor dem längst gelöst geglaubten Problem (in Form des Symptoms). Oft verstärken sich diese Probleme im Laufe der Zeit. Macht sich Ratlosigkeit breit, weil Sie gerade glaubten, das Problem gelöst zu haben, und

Nicht schieben, LÖSEN!

Skizzieren Sie eine Problemverschiebung aus Ihrem beruflichen oder privaten Kontext. Beginnen Sie mit dem Problemsymptom und erzählen Sie die Story Ihres Systems dazu.

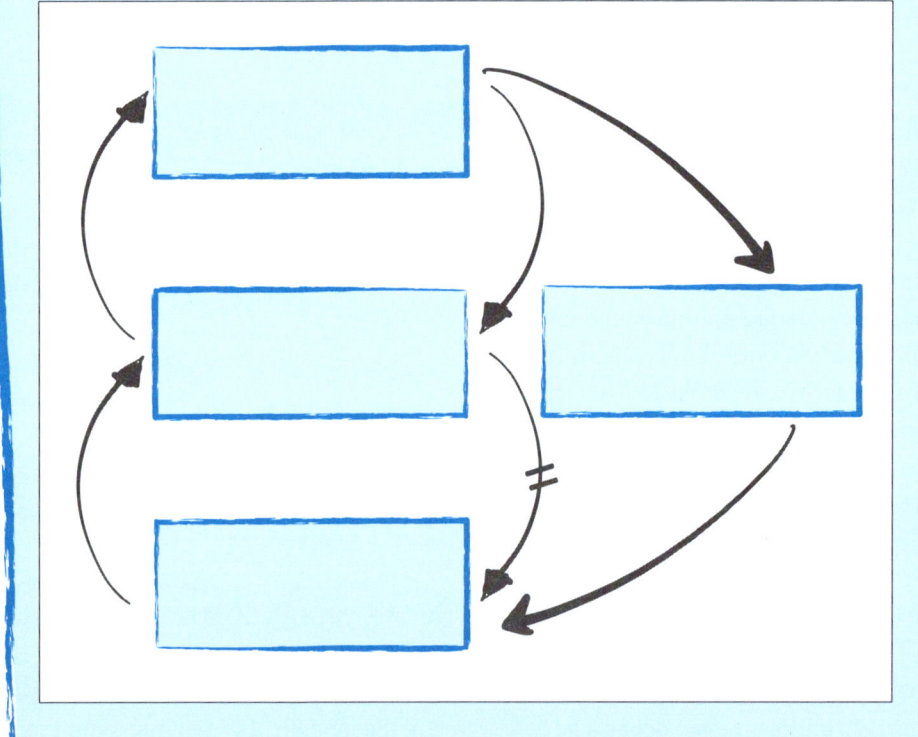

es nun an der nächsten Ecke wieder auftaucht, werden Sie wachsam. Ein Paradebeispiel aus der Praxis ist die Festlegung von Zuständigkeiten. Ist das die gewählte Symptombehandlung, können Sie sicher davon ausgehen, dass es bald erneut Diskussionen darüber gibt, wer was macht, denn es läuft schnell doch wieder »anders«. Teams sind daran schon kollektiv verzweifelt.

Seien Sie nicht zu schnell, sondern halten Sie kurz inne und betrachten Sie das Symptom. Die Dinge, die unsere Aufmerksamkeit anziehen, sind meist die Symptome selbst und nicht die Ursachen oder die Grundprobleme. Unterscheiden Sie dies! Überlegen Sie, welche grundlegende Lösung existiert. Es kann mehr als eine geben. Stoßen Sie gegebenenfalls gleichzeitig auch eine symptomatische Lösung an. Eine Symptomlinderung kann notwendig und sinnvoll sein, sollte aber nicht die einzige Aktion sein. Um die grundlegende Problemlösung anzugehen, brauchen Sie vor allem Offenheit, denn nur dann können Sie einen echten Diskurs über die Wirkzusammenhänge initiieren. Mut zur Wahrheit und eine übergeordnete gemeinsame Vision machen es möglich, dem Problem im wahrsten Sinne des Wortes auf den Grund zu gehen.

Faule Ausreden sollten Sie als solche erkennen. Zwei Klassiker in diesem Bereich sind:

- »Wir haben keine Zeit, deshalb müssen wir doch …«
  Keine Zeit ist ebenfalls ein Symptom, also gehen Sie ihm auf den Grund. Was passiert denn, wenn Sie die notwendige Zeit in die Lösung des Grundproblems investieren? Wer gibt Ihnen denn vor, keine Zeit zu haben? Ist die Ausrede eventuell das Symptom Ihrer Konfliktvermeidung?

- »Wenn wir das jetzt angehen, dann gibt es richtig Krach mit …«
  Ja, und? Um tiefliegende Probleme zu beheben, braucht es oft den Diskurs oder auch einen handfesten, konstruktiven Streit. Gehen Sie ihm nicht aus dem Weg.

2. »Es eskaliert«

WIE DU MIR, SO ICH DIR

Vor vielen Jahren war ich als Beraterin Teil eines Projektes, dessen Ziel die einheitliche Auftrags- und Personaleinsatzplanung für mehrere Tausend Mitarbeiter war. Das Ziel sollte technisch mit einer neuen Software umgesetzt werden, die unter anderem eine Schnittstelle zum etablierten SAP-System haben würde. Das Projekt lief schon eine Weile, das Konzept war geschrieben und der »Kampf um Funktionalitäten« längst in vollem Gange. Die »neue IT« wollte zukünftig Abläufe abbilden, die bisher über SAP genutzt wurden. »Das haben wir bisher gemacht, dafür braucht es nichts Neues«, riefen die Vertreter der SAP-Fachseite. »Die sperren sich gegen sinnvolle Neuerungen«, schimpften Erstere. Zwei Fronten hatten sich gebildet, beide davon überzeugt, der jeweils andere habe die Auseinandersetzung begonnen und man selbst reagiere bloß. Auf beiden Seiten stand die Sorge des Bedeutungsverlusts im Hintergrund. Die Aggressivität im Umgang miteinander nahm stetig zu und gemeinsame Workshops waren kaum noch möglich. Es hat einige Zeit und Energie gebraucht, um das gemeinsame Verständnis zurückzugewinnen und eine für alle gewinnbringende Lösung zu finden. Der Friede konnte erst mit einer Schlichtung durch Dritte wiederhergestellt werden. In diesem Fall war das eine »Anweisung von oben«, ein verordneter Merger der beiden IT-Systeme.

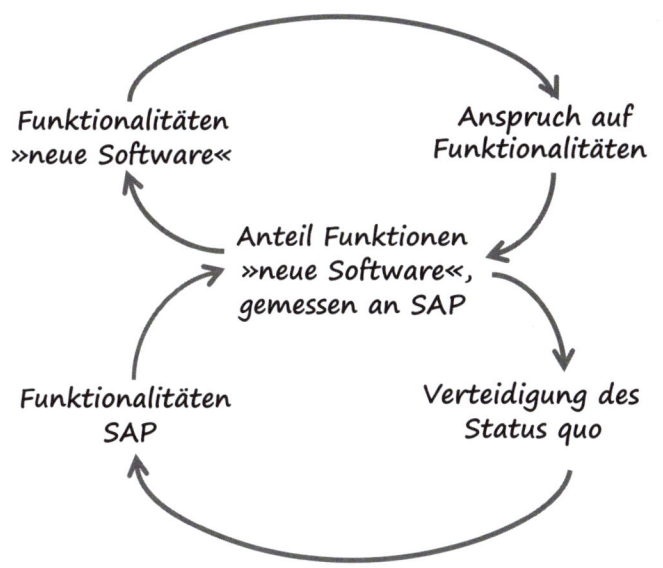

Auge um Auge, Zahn um Zahn?

Häufig werde ich angefragt, wenn es bei meinen Kunden hakt oder kracht. Wie in der gerade geschilderten Situation stehen sich dann mehrere Beteiligte gegenüber und keiner will seine Position aufgeben. Das leider gut sozialisierte Blame Game ist in vollem Gange. Zunächst schaue ich danach, ob es sich um einen Konflikt im klassischen Sinne handelt. Scheint das der Fall zu sein, so sind wir schnell auf der Ebene von Zielen und Werten. Denn werden die gehemmt oder verletzt, entzünden sich daran schnell Konflikte. Geht es um Sorgen, Bedrohungen oder eventuell nur um das Ego der Beteiligten, findet sich die Antwort in den meisten Fällen auf der Ebene der Systemstruktur. Das ist kontraintuitiv, denn zunächst vermuten wir leicht, dass es an den beteiligten Personen oder Gruppen liegt. Ganz im Sinne von »Die Ursache muss doch nahe der Wirkung zu finden sein«.

Die Systemstruktur »Eskalation«

Dieser Systemarchetyp besteht aus zwei stabilisierenden Rückkopplungskreisen. Jeder Beteiligte versucht, sein Bedürfnis oder Ziel mit bestimmten Maßnahmen zu erreichen. Betrachtet man nur die einzelnen Beteiligten, so ergibt das Sinn. Die beiden Rückkopplungskreise sind aber miteinander verbunden, wodurch eine eskalierende Rückkopplung entsteht. Die Aktionen des einen wirken bedrohlich auf den anderen, was ihn zu weiteren eigenen Aktionen bewegt. Die wiederum wirken bedrohlich und so weiter. Ein Teufelskreis entsteht.

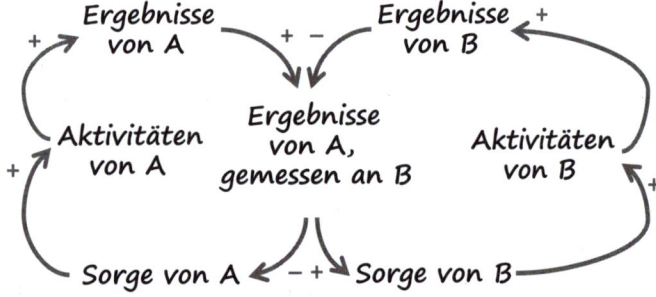

Wie Sie Eskalation auflösen

Spüren Sie auf, wovon die Beteiligten sich bedroht fühlen. Was genau sind die damit verbundenen Sorgen oder Ängste? So entsteht die Möglichkeit, eine Lösung zu finden, mit der beide Seiten ihre Ziele erreichen können. Betrachten Sie zudem die Wahrnehmungs- und Handlungsspielräume. Reflektieren Sie, was Reaktion und was Aktion ist. Welchen Anteil haben Sie beziehungsweise Ihr Team an der Eskalation?

Der Teufelskreis lässt sich am leichtesten durchbrechen, wenn eine Seite deeskalierend einsteuert.

Faule Ausreden gibt es natürlich auch hier:

- »Wenn die anderen dies machen, müssen wir doch jenes machen.«
  Vermeiden Sie »selbstverständliche« Reaktionen, mit denen Sie passiv werden. Stellen Sie vor das »müssen« eine klare und bewusste Entscheidung für Ihr Handeln.

- »Wir reagieren doch nur ...«
  Kommunikation und Zusammenarbeit sind zirkulär, sie sind niemals nur reaktiv. Zudem trägt die Frage »Wer hat angefangen?« definitiv nicht zur Klärung bei und ist nur Zeitverschwendung.

Runterregeln, nicht rauf

Skizzieren Sie eine Eskalation aus Ihrem beruflichen oder privaten Kontext. Beginnen Sie mit den Aktivitäten und möglichen Sorgen beziehungsweise Bedrohungen und erzählen Sie die Story Ihres Systems dazu.

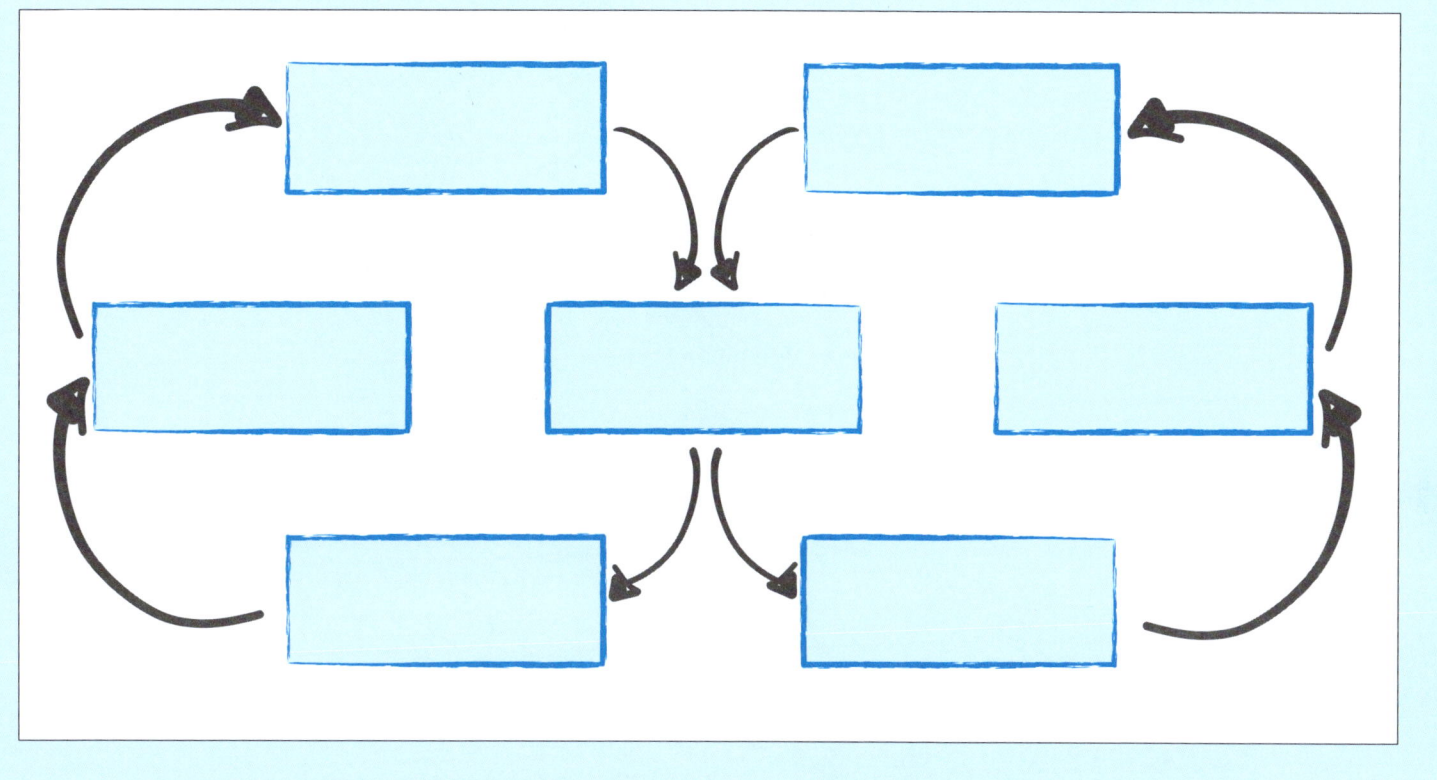

3. »Wer hat, dem wird gegeben«

THE WINNER TAKES IT ALL

Alle Augen sind auf Herrn Z. gerichtet. Er stellt in der Runde der Abteilungsleiter seine Budgetnachträge vor und welche Entscheidungen der Vorstand in der gestrigen Sitzung aufgrund seiner Vorschläge getroffen hat. Herr Z. ist zufrieden. Es läuft gut für ihn. Die Kollegen sind weniger begeistert. Das, was Herr Z. an Budget und Ressourcen bekommt, steht ihnen schließlich nicht mehr zur Verfügung. Und es scheint, als würde er immer bevorzugt. Sie fragen sich, wie er das bloß anstellt. In jeder Vorstandssitzung bekommt er eine Möglichkeit zu präsentieren, prestigereiche Sonderaufgaben fallen meist ihm zu und Anerkennung gibt es für ihn oft und öffentlich. Dabei kocht Herr Z. doch auch nur mit Wasser, denken die Kollegen. Und nur weil er einmal mit diesem wichtigen Projekt im Blitzlicht stand, wird er auf ewig gefeiert? Ja, mitunter ist das so. Mit dem Projekt hat Herr Z. die volle Aufmerksamkeit des Vorstandes bekommen, was ihm zu starker Durchsetzungskraft in dem Moment verholfen hat. Die Rückendeckung des Vorstandes sorgt auch im Umfeld dafür, dass niemand sich Herrn Z. in den Weg stellt. Gleichzeitig wird er weiter mit wichtigen Aufgaben betraut, denn er hat ja einen guten Draht zum Vorstand. Die wichtigen Aufgaben sorgen dafür, dass er im Vorstand sichtbar bleibt, was seine Durchsetzungskraft stärkt. »Positives Feedback« führt dazu, dass es für Herrn Z. weiter sehr gut läuft. Diese Erfolgsspirale wird auch Matthäus-Effekt genannt. Die Kollegen haben das Nachsehen, denn sie bekommen keine entsprechende Aufmerksamkeit vom Vorstand, was sich auf die Aufgabenzuteilung und die Durchsetzungskraft auswirkt.

Die Systemstruktur »Erfolg den Erfolgreichen«

Zwei eskalierende Rückkopplungskreise greifen auf dieselbe Ressource zu. Die Beteiligten können Personen, Gruppen oder Unternehmen sein. Mit der Zeit wird die »Lücke« zwischen den Beteiligten größer, es entsteht eine Polarisierung. »Erfolg den Erfolgreichen« ist eine Systemvariante der Eskalation. Das Konkurrieren, das zwischen den Beteiligten entsteht, schaukelt sich auf und ist kontraproduktiv für eine Zusammenarbeit. In unserer komplexen Arbeitswelt brauchen wir Kooperation, nicht Konkurrenz. Deshalb gilt es, aufmerksam zu sein, an welchen Stellen dieser Systemtyp wirkt und negativen Einfluss hat.

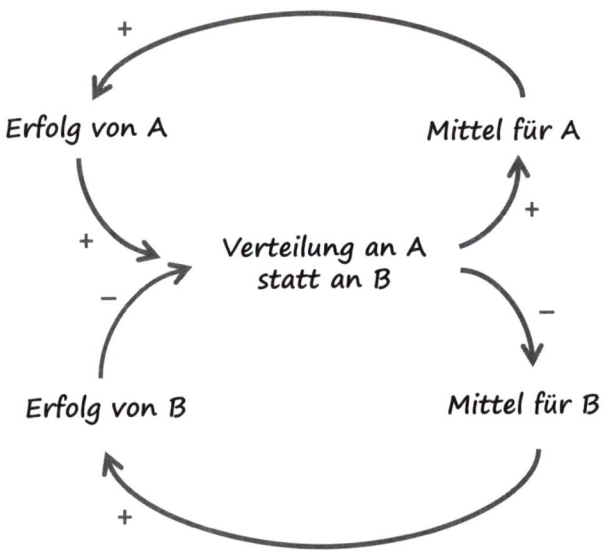

so die Chance auf Aufmerksamkeit, ohne dass es ein direkter Wettbewerb mit Herrn Z. sein muss.

Faule Ausreden in diesem Bereich sehen unter anderem so aus:

- »Ich werde nie berücksichtigt.«
  Das ist eine Opferhaltung, die Sie zur Passivität verdammt. Es gibt jedoch immer einen Spielraum, suchen Sie danach und nutzen Sie ihn.

- »Außer mir kann das niemand.«
  Sind Sie oder Ihr Team wie Herr Z. schon seit einer Weile erfolgs- und aufmerksamkeitsverwöhnt, so protestiert möglicherweise Ihr Ego, wenn es darum geht, Aufgaben abzugeben oder Aufmerksamkeit zu teilen. Reflektieren Sie Ihre Motive, warum Sie glauben, »der Einzige« bleiben zu müssen. Dreht es sich nur um Ihr Ego, wird es sich schnell wieder beruhigen.

Wie Sie den Matthäus-Effekt auflösen

Ist der entstehende Konkurrenzkampf ungewollt und ungesund, so sollte durch Umverteilung der Ressourcen (wenn möglich) oder Trennung der Beteiligten für eine Unterbrechung gesorgt werden. Schnell kann eine Sieger-Verlierer-Atmosphäre entstehen, die die Wahrnehmung des eigenen Handlungs- und Entscheidungsspielraums verzerren kann. Aus diesem Grund sollte den Beteiligten die jeweilige Systemgrenze bewusst sein, um Handlungsoptionen sichtbar zu machen. Arbeiten Herr Z. und seine Kollegen an einem gemeinsamen, übergeordneten Ziel, so kann Herr Z. beispielsweise Aufgaben abgeben. Gleichzeitig erhalten die Kollegen

Irgendwo ist der Hund begraben

Skizzieren Sie einen Matthäus-Effekt aus Ihrem beruflichen oder privaten Kontext. Beginnen Sie mit dem Ungleichgewicht in der Zuteilung beziehungsweise dem Erfolg und erzählen Sie die Story Ihres Systems dazu.

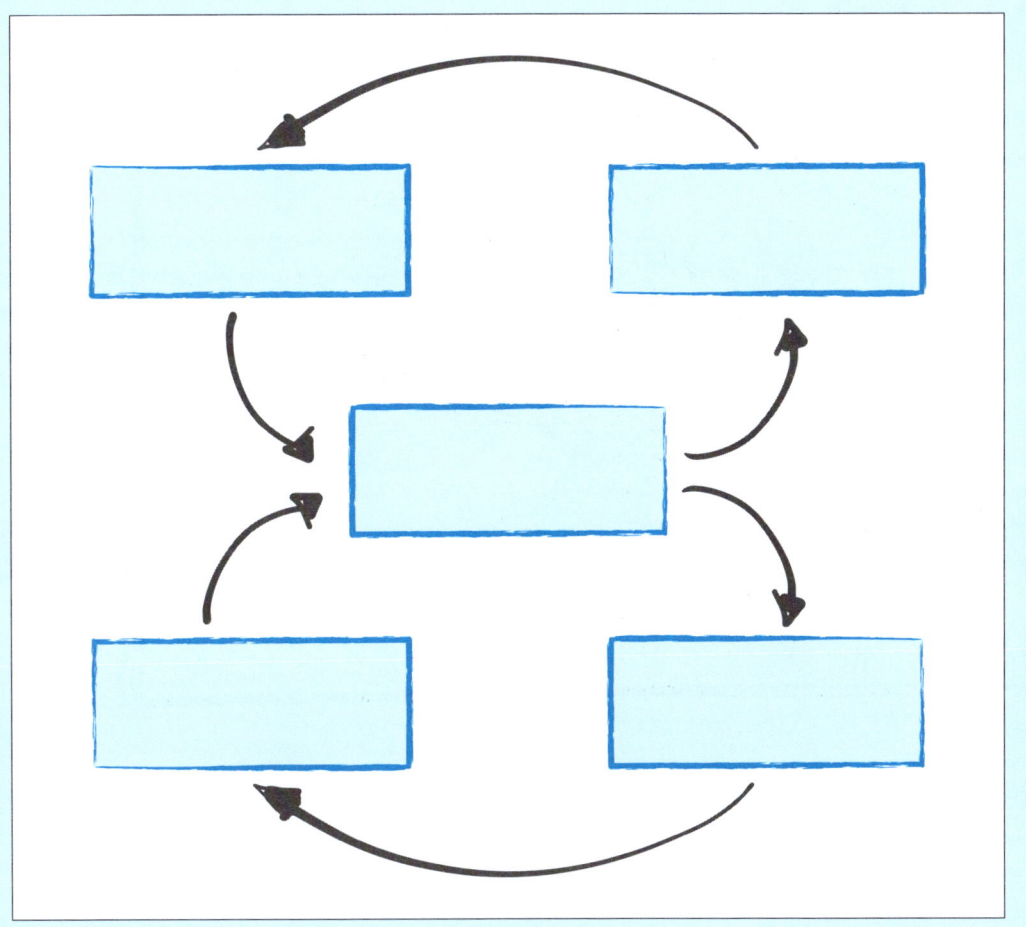

4. »Wachstum ist endlich«

> **»AGIL IST NICHTS FÜR UNS«**
>
> Beständigkeit, Sicherheit und Nähe sind Werte, für die das Finanzinstitut F. steht. Geringe Fluktuation, moderates und stetiges Umsatzwachstum zeichnen es aus. Doch auch dort macht sich die Idee des Agilerwerdens breit. Die Zeiten haben sich schließlich geändert. Es wird zunächst in der IT getestet. Die ersten agilen Projekte laufen an, die Teams gehen euphorisch und motiviert ans Werk. Schnell werden erste gute Ergebnisse sichtbar und diese andere Form der Zusammenarbeit macht allen Beteiligten Spaß. Unerklärlicherweise lässt nach einiger Zeit die Euphorie nach, es scheint einen Wunsch nach dem »Alten« zu geben. Zweifel kommen auf und schließlich entwickelt sich die »Erkenntnis«, dass Agilität nichts sei für die eigene Organisation. Sie passen einfach nicht zusammen.
>
> Schaut man genauer hin, wird deutlich, dass das agile Arbeiten durch den Einfluss aus der übergeordneten Organisation (die ja unverändert bleibt) ausgebremst wird. Anerkennung finden in dieser Organisation jene Führungskräfte, die formelle Macht besitzen und ihre Teams und Themen »im Griff« haben. Die partizipative Führung, die mit einer agilen Haltung verstärkt wird, vergrößert das Kontrollbedürfnis bei den »alten« Führungskräften. Am Ende wird Agilität immer mehr infrage gestellt und schließlich als unpassend abgesetzt.

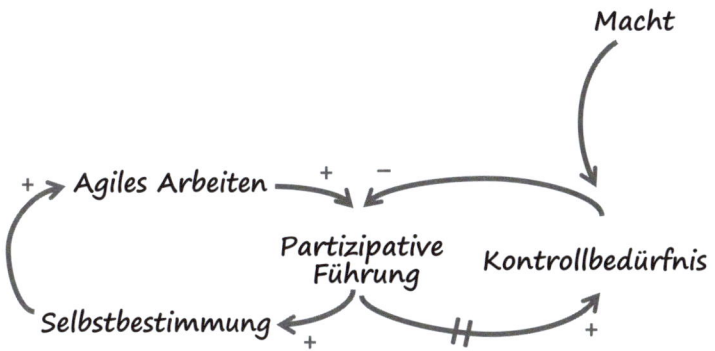

Die Systemstruktur »Grenzen des Wachstums«

Bei diesem Systemtyp handelt es sich um zwei Rückkopplungskreise, von denen einer eskalierend und der andere stabilisierend wirkt. Der eskalierende Rückkopplungskreis verstärkt zunächst das Wachstum oder die Veränderung. Nach einer Weile wirkt ein stabilisierender Rückkopplungskreis auf denselben Zustand und hemmt so das Wachstum. Im Extremfall kommt es sogar ganz zum Erliegen. Dieses Phänomen lässt sich in vielen Bereichen beobachten: beim Lernen, bei Diäten, beim Umsatzsteigern, beim Teamwachstum oder auch bei organisationalen Veränderungen. Nach einer Phase der Euphorie und Begeisterung folgt ein unerklärliches Abbremsen. »Es lief doch erst so gut; was ist denn bloß passiert?«, ist die häufigste Frage an dieser Stelle. Die Antwort darauf ist nicht im Wachstumsprozess, sondern im stabilisierenden Rückkopplungskreis zu finden.

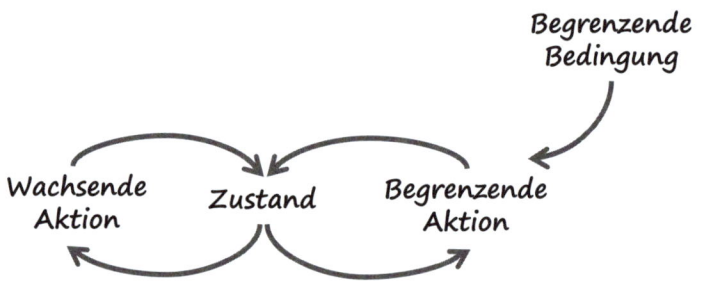

Wie Sie »Grenzen des Wachstums« auflösen

Eine übliche Reaktion auf das Bremsen ist, mehr Energie in das Wachstum zu investieren. Auch das Finanzinstitut F. hat all sein Bemühen in das Marketing für agiles Arbeiten und in Überzeugungsarbeit gesteckt. Flyer zu Vorzeigeprojekten wurden verbreitet und eine Roadshow durchgeführt. Der Erfolg dieser Maßnahmen war überschaubar. Hebelwirkung entsteht bei diesem Systemtyp nicht durch Mehr vom Gleichen, denn die Gleichgewichtsschleife ist immer noch wirksam. Der Hebel ist vielmehr beim stabilisierenden Rückkopplungskreis anzusetzen. Hier findet sich der begrenzende Faktor und den gilt es zu bearbeiten. Im Fallbeispiel ist das eine Änderung der Haltung und des Mechanismus, wie Anerkennung vergeben wird. Wird Anerkennung nicht mehr an der Position festgemacht und werden Zielvorgaben beispielsweise nicht mehr individuell, sondern auf Teamebene verabredet, kann die Begrenzung beseitigt werden. Die Erfahrung zeigt, dass nach Beseitigung einer Wachstumsgrenze die nächste Grenze auftritt. Ein reines exponentielles Wachstum gibt es fast nie. Dies zu akzeptieren, kann den Umgang mit vermeintlichem Veränderungswiderstand deutlich leichter und konstruktiver machen.

Faule Ausreden sind hier zum Beispiel:

- »Die Mitarbeiter/Vorgesetzten/anderen sperren sich gegen Veränderung.«
  Dieser Glaube ist genauso unsinnig wie weit verbreitet. Die Ursache da zu vermuten, wo sich die Symptome beobachten lassen, ist selten zielführend. Gehen Sie stattdessen der Sache auf den Grund und auf die Suche nach den begrenzenden Faktoren.

- »Wir haben schon wirklich alles probiert, um …«
  Eventuell haben Sie vieles probiert, um das Wachstum anzutreiben. Kümmern Sie sich um die begrenzenden Faktoren.

- »XY ist schuld.«
  Die vermeintliche Klärung der Schuldfrage verbraucht viel Energie, hat aber keinerlei Nutzen. Gebremste Veränderung oder gebremstes Wachstum ist nicht durch einzelne Menschen oder Gruppen verschuldet. Die Ursache liegt also im System.

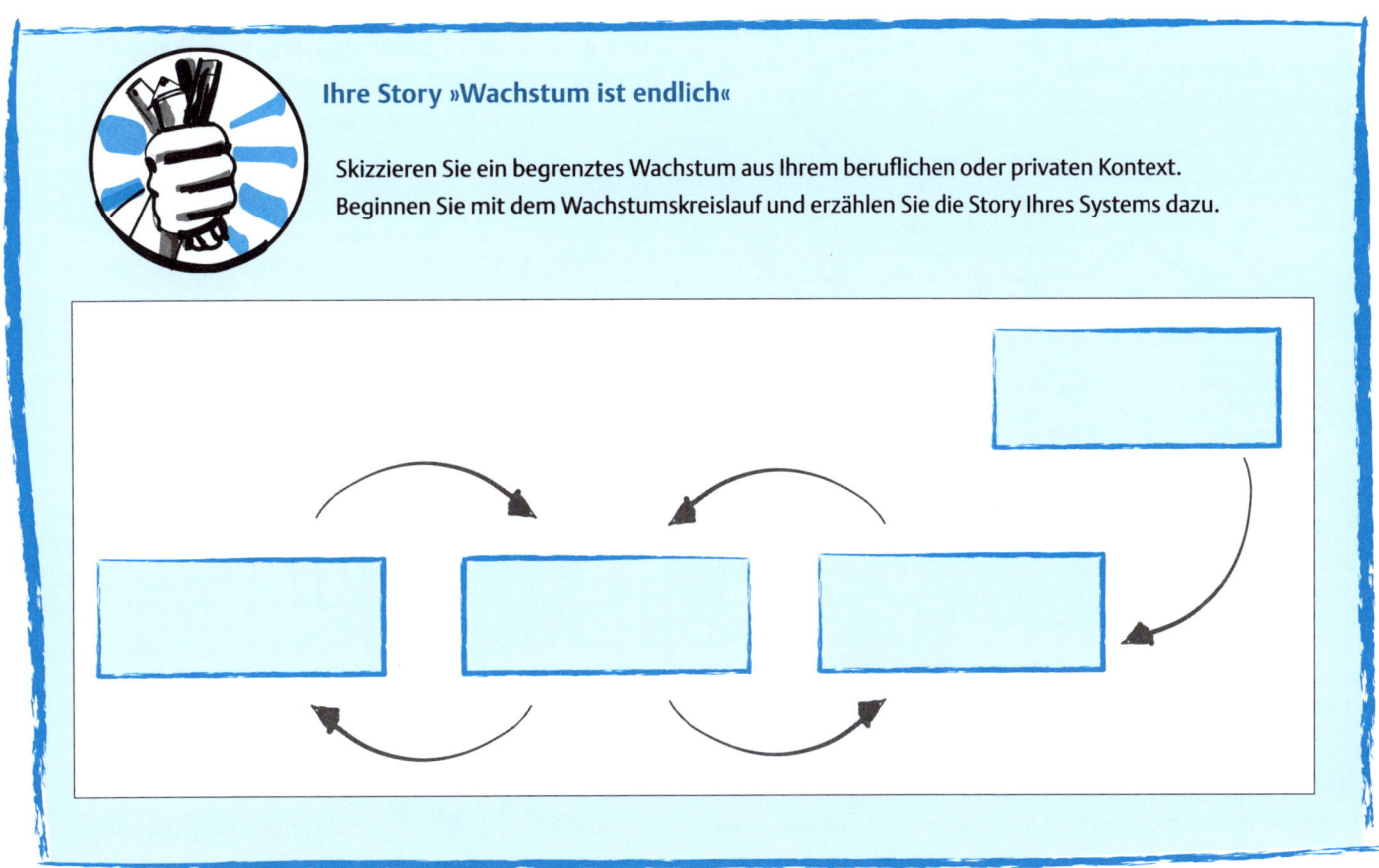

Sind Sie ein Komplex-Könner?

Komplexe Systeme zu begreifen und die passenden Hebel zur Beeinflussung zu wählen, ist alles andere als trivial. Vieles gilt es gleichzeitig zu berücksichtigen, Denkfallen sind zu umgehen; zudem wird die Offenheit benötigt, getroffene Entscheidungen wieder umzuwerfen. Ich habe für Sie all die Aspekte, die in diesem Teil des Arbeitsbuches beschrieben wurden und die wesentlich sind für Ihre Management- und Führungsaufgaben, zusammengetragen. Sie sind ein Komplex-Könner, wenn Sie sich in der folgenden Abbildung wiederfinden:

Der Komplex-Könner ...

- betrachtet die Verknüpfungen
- überlegt, welchen Einfluss mentale Modelle haben
- hat das »big picture« im Blick
- beobachtet Vorgänge über die Zeit
- hilft dem System, statt andere zu beschuldigen
- interpretiert das Verhalten des Systems
- schaut auf die zirkulären Interaktionen
- versteht die Struktur und weiß um die Hebel
- schaut aus diversen Perspektiven auf eine Situation
- hat Geduld, wenn es turbulent wird

Teil 2:

Komplex handeln

Ins Tun kommen

In diesem Teil des Arbeitsbuches geht es darum, ins Tun zu kommen und das komplexe Denken anzuwenden. Und zwar unter der Prämisse, dass Ihre Organisation adaptiver, anpassungsfähiger, flexibler werden soll. Kurzum, was ist zu tun, um an der Zukunftsfähigkeit zu arbeiten? In den nachfolgenden Kapiteln finden Sie eine Auswahl der grundlegenden Themen, die Sie betrachten und bearbeiten sollten. Sie ist weder komplett noch sind die ausgewählten Themen abschließend behandelt im Sinne von »einmal gemacht und dann ist gut«. Es ist ein Anfang, der Einstieg in einen Prozess, welcher andauern wird. Die Auswahl basiert auf den Themen, die sich in meiner Arbeit mit Führungskräften und Managern als besonders relevant erwiesen haben. Sie sind grundlegend und damit weder neu noch veraltet. Es sind Dauerbrenner, der Umgang mit ihnen hier jedoch systemisch und komplexitätsgerecht. Und auch wenn Sie zurzeit darüber nachdenken, Ihre Organisation agil oder demokratisch zu gestalten, oder Sie sich einer wie auch immer gearteten digitalen Revolution anschließen, werden die folgenden Punkte alle wichtig werden. Veränderung, Verbesserung, Transformation entstehen nur durch Handeln. Das wiederum wird bestimmt durch unser mentales Modell, unsere Glaubenssätze, Vorurteile und Meinungen, schon klar. Gleichzeitig formen wir dieses durch unser Tun. Wenn in diesem Buchteil also von komplexem Handeln die Rede ist, dann ist damit keine Rezeptsammlung gemeint, die Ihnen Schritt-für-Schritt-Anleitungen präsentiert. Es ist eine Sammlung von Denkwerkzeugen, Reflexionen und Interventionen, die komplexes Denken an konkreten Themen manifestiert.

»*Handle stets so, dass die Anzahl der Wahlmöglichkeiten größer wird.*« HEINZ VON FOERSTER

Die Werkzeuge helfen Ihnen dabei, das Spiel zu ändern, um Veränderungen wirksam zu initiieren. In Ihrer Organisation läuft ja bereits ein Spiel, mit etablierten Regeln und talentierten Spielern. Fritz Simon beschreibt das ausführlich und erhellend in seinem Buch *Gemeinsam sind wir blöd!? Die Intelligenz von Unternehmen, Managern und Märkten* (2004). Es ist ähnlich wie im Fußball, Basketball oder bei anderen Teamsportarten. Es gibt das Spiel und die Spieler. Die sind aber nicht das Spiel selbst, sondern Teilnehmer. Beobachten Sie nur die einzelnen Spieler, werden Sie nicht viel verstehen und sich eher dauernd fragen, welche Motive die Spieler zu ihren Aktionen veranlassen. Schauen Sie jedoch auf das Regelwerk, werden die Aktionen und der Sinn klar. Spiel und Spieler sind voneinander unabhängig; Spieler wechseln zum Beispiel den Verein und spielen woanders. Auch während der Partie hängt das Spiel nicht vom einzelnen Spieler ab. Ob er steht oder läuft, hat zwar Auswirkungen auf den Spielverlauf, auf das Spiel selbst jedoch nicht.

Das Gleiche gilt für Organisationen. Die Spielregeln sorgen dafür, dass Mitarbeiter austauschbar sind und das Spiel immer wieder gespielt werden kann. Selbstverständlich wird auch darauf geachtet, »passende« Spieler zu finden. Das setzt allen Beteiligten den Rahmen, aber gleichzeitig auch Grenzen. Die Organisation sorgt so für Beständigkeit. Wollen Sie Veränderung, müssen Sie das Spiel ändern.

Mit der systemischen, komplexen Brille, die Sie seit Ihrer Arbeit mit Teil 1 des Buches auf der Nase tragen, geht es Ihnen nun darum, grundlegende Veränderungen zu initiieren. Sie betrachten jetzt das Spiel und seine Regeln, nicht mehr nur die einzelnen Spieler.

Das Bild vom Menschen

Das Bild vom Wesen der Menschen scheint etwas so Selbstverständliches zu sein, dass es in unseren Organisationen kaum thematisiert oder gar infrage gestellt wird. Dabei gehört die Frage nach dem vorherrschenden Menschenbild zu einer der Gretchenfragen für Führungskräfte und Manager, bildet ihre Antwort doch die Basis für das eigene Denken, Beurteilen, Bewerten und Handeln.

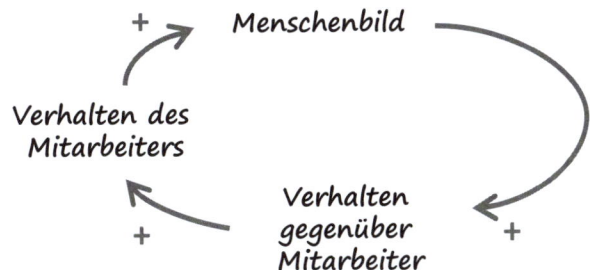

> **UNMOTIVIERT, VERANTWORTUNGSSCHEU, NEGATIV ...**
>
> Herr Schmitz kommt oft zu spät zum Meeting. – Er ist nicht engagiert.
>
> Frau Kurz entscheidet nie selbst, sondern kommt mit jeder Kleinigkeit zu mir. – Sie ist verantwortungsscheu.
>
> Herr Klein sieht bei allem nur die Probleme. – Er ist nicht veränderungsbereit.
>
> Frau Meier hat kaum Überstunden. – Sie ist nicht leistungsbereit.
>
> Diese Schlussfolgerungen sind nicht unbedingt falsch. Es sind Hypothesen aus dem über einen längeren Zeitraum beobachteten Verhalten. Fragwürdig werden sie allerdings, wenn der betreffenden Person damit eine Charaktereigenschaft zugeschrieben wird, das heißt, wenn vom Verhalten der Mitarbeiter auf deren Persönlichkeit geschlossen wird. Äußere Faktoren und der situative Kontext werden nicht berücksichtigt. Die Ursache für Verhalten wird in den Menschen selbst angenommen. Diese Art der Bewertung geht schnell und einfach, das gibt Sicherheit. Dumm nur, dass die Führungskräfte damit in die Attributionsfalle (s. Glossar) getappt sind, sie werden in der Folge ihr eigenes Verhalten auf die angenommenen Charaktereigenschaften des Mitarbeiters abstimmen und entsprechende Sanktionen, Maßnahmen, Kontrollen oder Ähnliches auswählen. Die wiederum haben einen Einfluss auf das Verhalten, was sich üblicherweise schnell mit den Annahmen zur Persönlichkeit deckt. Eine Selffulfilling Prophecy oder – systemisch ausgedrückt – ein eskalierender Rückkopplungskreislauf etabliert sich. Das Gegenmittel? Aufmerksamkeit und differenzierte Betrachtung!

Was ist das Wesen des Menschen?

Reflektieren Sie für einige Minuten über das Wesen des Menschen. Die Frage ist groß und sie bezieht sich auf alle Lebensbereiche, das ist mir klar. Für den Kontext hier fokussieren wir auf die Aspekte Arbeit und Organisation. Welche grundlegenden Eigenschaften schreiben Sie den Menschen in Arbeitskontexten zu? Was macht den Menschen aus?

_____

_____

_____

_____

_____

Jeder Mensch hat eine Persönlichkeit, sie ist die Basis für sein Denken und Handeln. Darüber hinaus existieren aber noch andere Einflussgrößen wie beispielsweise seine aktuelle Rolle. Wir Menschen sind Meister der Anpassung. Abhängig vom aktuellen System, in dem wir agieren, wechseln wir die Rolle und verhalten uns entsprechend. Wir benehmen uns in einer Kirche anders als beim Tennisspielen. In der Sauna bewegen wir uns anders als im Vorstandsmeeting. Unser Verhalten ist immer kontextabhängig. Lustigerweise ist uns das in Bezug auf unser eigenes Handeln stets sehr bewusst. Wir können sehr genau sagen, warum wir uns hier und da genau so verhalten haben, was uns dazu gebracht hat. Die äußeren Einflüsse haben wir im Blick. Bei der Betrachtung anderer Menschen geht dieser Blick leicht verloren und Verhalten wird mit Charakter gleichgesetzt. Seien Sie aufmerksam, um diesem Denkfehler zu entgehen.

»Eines der traurigsten Dinge im Leben ist, dass ein Mensch viele guten Taten tun muss, um zu beweisen, dass er tüchtig ist, aber nur einen Fehler zu begehen braucht, um zu beweisen, dass er nichts taugt.« GEORGE BERNARD SHAW

In der Organisationspsychologie wird in der historischen Perspektive der letzten 100 Jahre zwischen fünf wesentlichen Menschenbildern differenziert.

	Organisation ist ein ...	Organisationskonzept	Organisationsstrukturen	Menschenbild
Homo oeconomicus (Beginn 20. Jhdt.)	Technisches System	Tayloristische Rationalisierung Trennung von Kopf- und Handarbeit	Zentral Bürokratisch	»Vernunft und Nutzenmaximierung« • Verantwortungsscheu • Braucht monetäre Anreize • Ist unabhängig von anderen Personen • Will eigenen Nutzen maximieren
Social Man (seit 1930er-Jahren)	Soziales System	Human Relations	Zentral Bürokratisch Auf Gruppenbasis	»Soziale Bedürfnisse« • Menschlicher Kontakt motiviert zur Arbeit • Will Entscheidungen treffen • Braucht Kommunikation mit anderen für die Zufriedenheit • Hawthorne-Studie (s. Glossar)
Self-actualising Man (seit 1950er-Jahren)	Soziotechnisches System (s. Glossar)	Individualisierungskonzept Arbeit soll intrinsisch motivierend sein	Dezentral Flache Hierarchien	»Selbstverwirklichung« • Kann und will sich weiterentwickeln • Primär intrinsisch motiviert • Strebt nach Selbstverwirklichung • Tavistock-Studie (s. Glossar)
Complex Man (seit 1970er-Jahren)	Soziotechnisches System	Individualisierungskonzept	Dezentral Flache Hierarchien	»Vielfalt« • Bedürfnisse variieren und entwickeln sich • Motive können rollenabhängig verschieden sein
Virtual Man (seit 1990er-Jahren)	Soziodigitales System	Individualisierungskonzept	Dezentral Virtuell In Netzwerken	»Enttraditionalisierung, Optionierung, Individualisierung, Netzwerkbildung« • Passt sich an neue Technologien an • Flexibel • Starke Neigung zur Kooperation

Blick zurück in die Gegenwart

Der Taylorismus (s. Glossar) hat ausgedient? Theoretisch ja. Praktisch ist er quicklebendig und wirkt in vielen Organisationen. Abläufe seien beherrschbar, Arbeit lasse sich in »Planen« und »Ausführen« teilen, zentrale Steuerung sei möglich. Dem Menschenbild des tayloristischen Managementkonzepts zufolge gibt es einerseits Arbeiter (unzuverlässige Maschinen) und andererseits Manager/Organisationsleiter (besitzen die »richtigen« Fähigkeiten, um Arbeiter zu führen). Die Annahmen über das Wesen der Arbeiter, die der Denkweise zugrunde liegen, sind alt, aber leider immer noch präsent:

- Um motiviert zu arbeiten, brauchen Arbeiter finanzielle Anreize, sonst geht nichts.
- Arbeiter sind weder willens noch fähig, Arbeit zu planen und ohne Aufsicht zu verrichten.
- Arbeiter sind Drückeberger, die ihre Leistung zurückhalten und am liebsten gar nichts tun.
- Gefühle sind Privatsache, denken die Arbeiter und geben von sich nichts preis.
- Arbeiter möchten durch Manager motiviert und kontrolliert werden; sie neigen zu Passivität.

Den Gegenpol dazu bildete bei Frederick W. Taylor die Idee des Managers beziehungsweise der Führungskraft. Sie verfolgt mit eiserner Selbstdisziplin die Ziele der Organisation. Hochgradig eigenmotiviert brauchen Manager keinerlei explizite Aktivierung. Die daraus entstehende Beziehung zwischen Arbeiter und Manager gleicht einer Einbahnstraße. Aktive Manager steuern passive Arbeiter. Die grundsätzliche Idee dahinter war gar nicht zynisch gemeint, sollte dies doch eine effektive Kooperation etablieren, um konfliktfrei und harmonisch zu wirtschaften. Trotzdem war und ist dieser Denkansatz weder menschenfreundlich noch sinnvoll, denn er sorgt dafür, die Menschen gemäß dieser Annahme zu behandeln. Das Ergebnis ist genau das unterstellte Verhalten, von dem dann wieder zurück auf die Persönlichkeit geschlossen wird. Eine eskalierende Rückkopplungsschleife ist etabliert.

Taylor lebte in der Übergangszeit von der Manufaktur zur Industrie. Monopolisierungstendenzen, montageorientierte Industrien und Fließbandarbeit prägten die Umbruchzeit Ende des 19. Jahrhunderts. Das war der damalige Kontext. Sie stimmen mir wahrscheinlich zu, wenn ich behaupte, dass unser Arbeitsumfeld heute anders ist, oder? Und das nicht erst seit gestern, sondern seit vielen Jahrzehnten. Trotz allem findet sich das Menschenbild des Taylorismus weiterhin, nicht nur in Fabrikhallen oder auf Montagegerüsten, sondern querbeet durch alle Branchen und Unternehmen jedweder Größe. Auch wenn das Bild vom Wesen des Menschen sich hier und da schon gewandelt hat (niemand vergleicht heute noch Mitarbeiter mit Maschinen, das gehört nicht mehr zum guten Ton), so stammen viele der Methoden und Verfahren noch immer aus Taylors Zeiten. Hat sich die Welt schneller gewandelt als unsere Managementdenke?

»Nein, wieso?«, werden einige von Ihnen gerade denken. Menschen sind doch nun mal verschieden und einige eben nicht von sich aus motiviert und leistungsbereit, die Low Performer eben. Und schon sind wir wieder dabei, Verhalten mit Persönlichkeit gleichzusetzen und das gesamte Programm an Vorurteilen und Stereotypen über Menschen zu stülpen. Zeit also, Ihr Menschenbild zu hinterfragen.

Wie denkt Ihre Organisation über das Wesen der Menschen?

Um in einer Gruppe das Menschenbild zu reflektieren, bietet sich als Format das World Café (s. Glossar) an. Betrachten Sie Ihre Organisation entlang folgender Fragen:

- Was bedeutet »Der Mensch ist von Natur aus gut und konstruktiv« in Ihrer Organisation?
- Wie macht Ihre Organisation das Streben des Menschen nach Autonomie und Selbstverwirklichung möglich?
- »Menschen sind in verschiedene Kontexte eingebunden und konstruieren ihre Wirklichkeit aufgrund der jeweils gemachten Erfahrung« – wie findet sich dieser Aspekt in Ihrer Organisation wieder?

Jede Fragestellung wird an einem eigenen Tisch erörtert. In bestimmten Zeitabschnitten wechseln die Teilnehmer den Tisch und damit die Fragestellung. Auf den Tischdecken werden die Diskussionen und Ergebnisse festgehalten und später zu einer Gesamtsicht (mit möglicherweise vielen unterschiedlichen Sichtweisen) zusammengetragen.

❷ Vertrau mir ...

Vertrauen oder Misstrauen, ist das die Frage?

- »Vertrauen ist die Basis unserer konstruktiven Zusammenarbeit.«
- »Wir haben Vertrauen in unsere Mitarbeiter.«
- »Wir fordern Leistung, unternehmerisches Handeln und Vertrauen …«
- Und so weiter und so fort.

Die meisten Organisationen haben wohlformulierte Leitlinien mit mindestens einem Satz zum Thema Vertrauen. Vertrauen zum Prinzip erklären zu wollen, ist allerdings unsinnig, denn es ist ein *Muss* und zudem immer Bestandteil jeder sozialen Beziehung, mal mehr und mal weniger. Gleichzeitig ist Vertrauen situativ und subjektiv, was eine rezeptartige Verordnung ausschließt. Die Auseinandersetzung mit dem Thema Vertrauen ist leider oft sehr plakativ und geht über »Ja, wir wollen uns vertrauen« nicht hinaus. Dabei ist es eben auch ein großes, komplexes Thema. Weshalb ich Ihnen an dieser Stelle dazu ein paar Gedanken und Denkanstöße an die Hand geben werde.

Folgt man dem Soziologen Niklas Luhmann, dann dient Vertrauen dem Zweck der Komplexitätsreduktion. Die Welt ist für den Einzelnen zu komplex und undurchschaubar. Da, wo sich nicht alles bewerten und hinterfragen lässt, vertrauen wir anderen Menschen und können so Aspekte der Realität ausblenden oder unbeachtet lassen. Die Motive, aus denen heraus wir Vertrauen geben oder entziehen, sind vielfältig. Zeitlich ist Vertrauen auf die Zukunft ausgerichtet, wir vertrauen auf eine Handlung, Entscheidung etc. eines anderen. Das wiederum ist nur in einer vertrauten Welt möglich.

»TRAU, SCHAU, WEM«

Die komplette Abteilung hat sich einen Tag Auszeit genommen, um über die aktuelle Arbeitssituation, personelle Veränderungen und die Zukunft zu sprechen. Auch die Frage »Wie arbeiten wir als Team gut zusammen?« steht auf der Agenda. Bereits im Vorfeld hat der Abteilungsleiter vermehrt bemängelt, dass seine Mitarbeiter keine eigenständigen Entscheidungen treffen und mit jeder Kleinigkeit zu ihm kommen. Dabei sind es nicht die fachlichen Aspekte, die seine Mitarbeiter nicht überblicken können, sondern die Konsequenzen der jeweiligen Entscheidung. Es dauert fast den ganzen Tag, bis das Thema »dran ist«. Und sofort verändert sich das Klima im Raum, es wird vorsichtiger und abwartender miteinander gesprochen als bisher. Der Abteilungsleiter bringt seine Erwartung noch einmal auf den Punkt, und das mit Nachdruck. Vor allem eine seiner Mitarbeiterinnen fragt nach. Es wären genaue Angaben und Detailabsprachen notwendig, damit sie Entscheidungen treffen könne. Was wäre, wenn eine formal-hierarchisch höhere Instanz die Entscheidung nicht trägt? Was, wenn der entsprechende Kunde dann postwendend bei ihm auf der Matte steht? Und, und, und. Der Abteilungsleiter setzt nach: »Ich erwarte, dass ihr Entscheidungen selbst trefft und kommuniziert. Ich halte euch den Rücken frei und trage sie mit. Macht euch keine Sorgen, ich vertraue euch da voll und ihr könnt das umgekehrt auch.« Sein Appell ist deutlich. Die Mitarbeiterin schaut ihn von der Seite an und ihre rechte Augenbraue bleibt angehoben. Sie zuckt mit den Schultern, murmelt ein leises »Nö« und verstummt dann.

Sie traut dem Braten nicht. Vielleicht ist es ihr Chef, dem sie nicht vertraut. Vielleicht fehlt ihr Vertrauen in die Organisation. Oder ihr fehlt das Vertrauen in beide. Eines ist auf jeden Fall klar: Das Thema »Entscheidungen treffen« ist nicht geklärt und Vertrauen ist kein simpler Themenkomplex.

Vertrauen braucht die Vergangenheit, die »Geschichte« zur Absicherung. Vertrautheit entsteht aus der Vergangenheit, Vertrauen projiziert in die Zukunft.

Vertrauen ≠ Zutrauen
Zutrauen ist ein Konjunktiv. Wir hoffen dabei auf das Entscheiden und Handeln eines anderen in *unserem* Sinne.

Vertrauen ≠ Verhaltenserwartung
Man kann durchaus ein bestimmtes Verhalten erwarten, ohne Vertrauen zu der betreffenden Person zu haben. Die Erwartung kann sich auf Erfahrungen stützen oder auf Sollvorstellungen.

Vertrauen ist eine Handlung

In den meisten Management-Ratgebern finden Sie zum Thema Vertrauen die goldene Regel »Seien Sie vertrauensvoll«. Das klingt leichter, als es in Wirklichkeit ist, denn Vertrauen geben bedeutet immer, ein Risiko einzugehen. Ihr Vertrauen kann enttäuscht werden. Und was dann? Bei vielen Führungskräften rückt dann an die Stelle des Vertrauens die Kontrolle. Ich empfehle, noch einmal zu überprüfen, ob wirklich Ihr Vertrauen enttäuscht wurde oder ob jemand einfach nicht Ihrer Verhaltenserwartung entsprochen hat. Diese beiden Aspekte sollten nicht vermischt werden. Zurück zur Vertrauenswürdigkeit. Was können wir also tun, um vertrauenswürdig zu sein und darüber Vertrauen zu stärken?

Die Vertrauensentwicklung ist ein sozialer Prozess und braucht Erwiderung auf entgegengebrachtes Vertrauen. Einer muss beginnen und in Vorleistung gehen. Wird die andere Seite diesen Vorschuss nicht kurzfristig für den eigenen Vorteil nutzen, sondern sich als vertrauenswürdig erweisen, kann sich über die Zeit solides Vertrauen aufbauen. Nicht zu enttäuschen, reicht dabei jedoch nicht aus, es muss vertrauensvolles Handeln wahrnehmbar sein. Es gilt das Prinzip der Reziprozität. In einem Team macht irgendwer den Anfang. In traditionellen Chef-Mitarbeiter-Verhältnissen ist es an der Führungskraft, in Vorleistung zu gehen und Vertrauenswürdigkeit durch »practice what you preach« zu erhöhen. Dabei werden die Handlungen beobachtet, nicht die Worte.

»Vertrauenswürdig ist, wer bei dem bleibt, was er bewusst oder unbewusst über sich selbst mitgeteilt hat.« NIKLAS LUHMANN

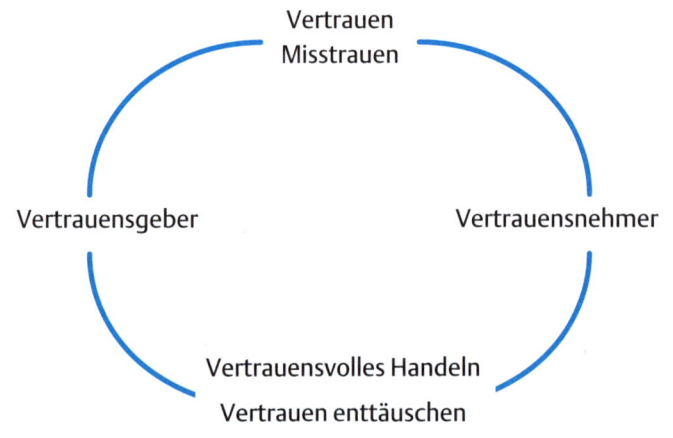

Vertrauen wie auch Misstrauen können leicht in Selffulfilling Prophecys münden, es entstehen eskalierende Rückkopplungsschleifen, Vertrauen kann »blind« werden und Misstrauen sich manifestieren.

Vertrauen ist nicht »0 oder 1«

»Vertrauen Sie Ihren Mitarbeitern und Kollegen blind?« Auf diese Frage antworten die meisten Menschen mit einem leicht empörten »Natürlich nicht!«. Das ist auch gut so. Nennen Sie es gesundes Misstrauen oder natürliche Skepsis, Vertrauen ist nicht entweder an oder aus, sondern situativ. Wenn Sie darauf vertrauen, dass Ihr Lieferant zum verabredeten Termin liefert, gehen Sie in Gedanken gleichzeitig einige Optionen durch. Was tun Sie, wenn er nur die halbe Lieferung bringt? Was geschieht, wenn er sich nicht genau an die Vorgaben hält? Dass Ihr Lieferant noch viele andere Aufträge bearbeitet, seinerseits von anderen abhängig ist und so weiter, macht die Selektivität seines Handelns (er hat viele Optionen, abhängig von Ereignissen und Prioritäten) deutlich. Dass Sie darüber nachdenken, bedeutet nicht, dass Sie misstrauisch sind, sondern eine vertrauensvolle Erwartung an den Lieferanten haben. Sonst wäre es Hoffnung – diese differenziert nicht, ist einfach nur zuversichtlich. Vertrauen bleibt eben situations-, rollen- und kontextabhängig.

Das, was sich in Organisationen, vor allem in Konflikt- und Krisensituationen, viel offensichtlicher manifestiert, ist Misstrauen. Es ist die Wahl, die wir haben: zwischen Vertrauen und Misstrauen. Funktional sind sie gleichbedeutend. Sie dienen der subjektiv empfundenen Komplexitätsreduktion.

Misstrauen allerdings benötigt andere Strategien. Da wird per Reporting kontrolliert, Kategorien wie »Feind« oder »Verweigerer« werden definiert, Budgets annektiert (die gar nicht gebraucht werden) und Vorräte angelegt. Oder denken Sie an Arbeitszeitkontrolle und Richtlinien für Hotelübernachtungen. Bei all diesen Kontroll- und Regelungsvorgaben sollte immer mal wieder die Sinnhaftigkeit geprüft werden: Existieren sie, weil Vertrauen in die Mitarbeiter fehlt? Wenn ja, ist das Problem Misstrauen, nicht die Arbeitszeiten.

Vertrauen zu entwickeln, geht nur über die Zeit. Es ist ein Prozess der kleinen Schritte. Als Beraterin bekomme ich manches Mal zunächst einen kleinen Auftrag, um mich zu bewähren. In Coachings dauert es meist mehrere Sitzungen, bis der oder die Coachee sich öffnet. Vorher muss ich mich als vertrauenswürdig erwiesen haben. Dazu wird mein Verhalten beurteilt. Ich schrieb bereits über die Schwierigkeit, Verhalten zu bewerten, denn oftmals ordnen wir Verhalten der Person (der Persönlichkeit) zu, die äußeren Umstände bleiben unberücksichtigt. Gerade Führungskräfte trifft das Misstrauensschicksal an dieser Stelle, da sie in der Sandwichposition von »oben und unten bearbeitet« werden. Deshalb ist es sinnvoll, Transparenz herzustellen, um Misstrauen vorzubeugen. Im besten Fall möchten wir gleichbleibendes, weil verlässliches Verhalten beim anderen beobachten. Abweichungen, Querdenken und Kritik funktionieren erst, wenn ausreichend Vertrauen geschaffen ist.

»Es ist gleich falsch, allen oder keinem zu trauen.«
LUCIUS ANNAEUS SENECA

Mehr und weniger

Reflektieren Sie für sich, welches Verhalten auf Sie vertrauensbildend und vertrauensverringernd wirkt. Fokussieren Sie dabei eine konkrete Situation, Person oder Gruppe. Berücksichtigen Sie dabei ebenfalls die äußeren Umstände.

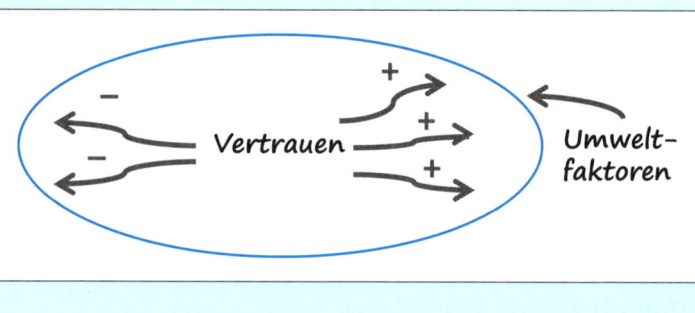

Das Eis ist dünn

Vertrauen ist fragil und kann schnell erschüttert werden. Wer in Vorleistung geht, trägt das Risiko, enttäuscht zu werden. Schert auch nur einer im Team aus und missbraucht das Vertrauen, werden andere nachziehen. Dan Ariely hat diesen Effekt in seinem Buch *Denken hilft zwar, nützt aber nichts* (2008) am sogenannten Public Goods Game (s. Glossar) erläutert. Alle leisten einen Beitrag zum Gemeinwohl, beispielsweise zum gemeinsamen Ziel. Sobald einer nichts mehr beiträgt, folgen andere. Gleichzeitig entsteht der Wunsch nach Vergeltung. Es reicht dafür schon aus, dass das Vertrauen nur »gefühlt« missbraucht wurde, um diesen Treiber zu zünden. Das Phänomen wird altruistische Bestrafung genannt. Vergeltung setzt mitunter starke Kräfte frei, denn sie fördert plötzlich Kooperationen, um den »Übeltäter« auszugrenzen. Er wird womöglich gemieden, seine Reputation leidet. Langfristig hat das Auswirkungen auf die Beziehungen.

Vertrauen ist die notwendige Basis für Offenheit, Kooperation, Ausprobieren, Fehler machen, Unsicherheit aushalten. Es hängt also viel davon ab.

Um Vertrauen zu bilden, kann es keine einfachen Rezepte geben, so viel ist klar. Es ist ein Prozess. Nichtsdestotrotz können wir ein Umfeld gestalten, das vertrauensfördernd wirkt. Folgende Faktoren tragen dazu bei:

- Verhaltenskonsistenz, sodass das Verhalten des anderen sich erahnen lässt
- Ehrlicher, aufrichtiger Umgang miteinander
- Offenheit bezüglich der eigenen Sichtweisen
- Interesse an den Sichtweisen anderer
- Physische Präsenz, wenn nötig
- Kompetenz, fachliche Fähigkeiten
- Loyalität, Treue
- Verlässlichkeit, Einhalten von Absprachen

Das alles gilt nicht nur für Vertrauen zwischen Menschen, sondern auch für Organisationen. Menschen suchen nach verlässlichen Entscheidungs- und Kommunikationsstrukturen, grundlegenden kulturellen Werten. Auf der Ebene der Organisation bedeutet es, Achtsamkeit durch Selbstbeobachtung und Selbstreflexion zu üben.

Was fördert Vertrauen?

Betrachten Sie im Team eine konkrete Situation in der Zusammenarbeit mit anderen Abteilungen, Projekten oder Gruppen. Nutzen Sie das »Bergwerk«, um vor allem auf den Ebenen Struktur und mentales Modell nach Aspekten zu schauen, die Vertrauen schaffen, und auch nach solchen, die Misstrauen fördern. Auf der organisationalen Ebene ist es oft leichter, nach misstrauensbildenden Elementen zu suchen als nach vertrauensbildenden.

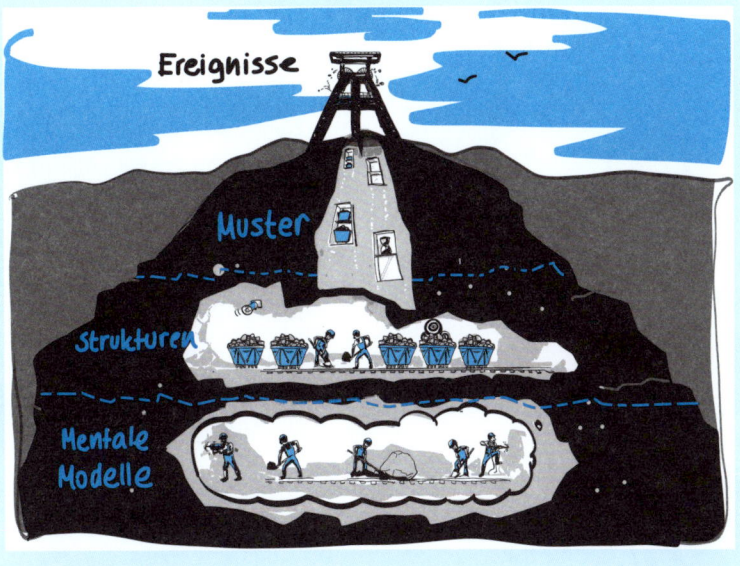

3 Aufmerksamkeit: Mund zu, Ohren auf!

ES GEHT UM DIE STORY

»Wir brauchen eine gute Story!«, hallt es über den langen Flur. Der Vertriebsvorstand ruft diesen Satz im Vorbeilaufen seinen Bereichsleitern zu, denn er muss schnell ins nächste Meeting. »Wir brauchen eine gute Story« ist die Quintessenz einer langen Sitzung, in der er mit seinen Mannen an der Strategie für die kommende Restrukturierung gefeilt hat. Und nun fehlt nur noch eines: die richtige Geschichte. Damit, so haben sie das Storytelling verstanden, können sie die Mitarbeiter einfangen, mitnehmen, begeistern und ihre Solidarität fördern. Schließlich gilt es, eine passende Metapher zu finden, die ihre gemeinsamen Werte, ihre Tradition und ihre Ziele widerspiegelt. Und so kommt es, wie es kommen muss. In einem mehr oder weniger stillen Kämmerlein wird eine tolle Metapher erdacht, an das organisationale Vokabular angepasst und auf die Menschen losgelassen. Das Ergebnis: Bla, bla, bla ...

Das oberste Paradigma in Organisationen lautet anscheinend: Reden! »Reden können« steht für Kompetenz, Durchsetzungskraft und Stärke. Wer dann noch mit den richtigen Fragen führend die Diskussion gestaltet, gilt als guter Kommunikator. Wer nachfragt, erscheint unwissend. Wer schweigt, ist wohl aus dem Thema ausgestiegen. So weit die gängigen Vorurteile.

Geben Sie in Google »Reden« ein, erzielen Sie rund 70 Millionen Treffer. »Zuhören« kommt nur auf etwa 6 Millionen.

Hand aufs Herz, wann haben Sie das letzte Mal über das Zuhören nachgedacht? Es ist für uns so selbstverständlich wie das Atmen, weshalb wir kaum einen Gedanken daran verschwenden. Schauen Sie sich doch einmal um in den Besprechungsräumen, Teeküchen, Seminaren und Büros. Die Konzentrationsdauer scheint beständig zu sinken, Informationen werden häufig wieder vergessen, die Aufmerksamkeit ist verteilt auf Laptop, Smartphone und Kollegen (wenn die Glück haben). Zuhören ist also eine Fähigkeit, die es wieder zu fördern gilt. Gefordert wird sie allemal, trainiert fast nie. Dabei ist Zuhören die Grundlage von Zusammenarbeit und Lernen. Der zweite Aspekt wird dabei meist gänzlich überhört.

Aktives Zuhören – Masche oder Haltung?

Jetzt mögen Sie einwenden, dass Sie sich sehr wohl mit Zuhören im Rahmen von Kommunikationstrainings beschäftigt haben. Unter dem Begriff »aktives Zuhören« haben Sie geübt, Blickkontakt zu halten, mit dem Kopf zu nicken und sozial zu grunzen. Der Zweck: Ihrem Gegenüber Aufmerksamkeit zu signalisieren. Und seit der hohen Schule des Paraphrasierens sind Sie in der Lage, das Gesagte in eigenen Worten zu wiederholen. Glückwunsch, damit haben Sie das »Seepferdchen« der Kommunikation absolviert, sind aber immer noch besser im Nichtschwimmerbecken aufgehoben. Ich kenne viele Menschen, die aktives Zuhören rein als Technik nutzen, um ihrem Gesprächspartner Aufmerksamkeit vorzuspielen. Tatsächlich aber nutzen sie die Zeit zum Nachdenken, Nichtdenken oder Träumen. Eines ist sicher: Lernen werden sie in einer Diskussion so nichts. Zuhören ist so viel mehr, als Zuhören zu signalisieren, und mit ein wenig zugewandter Körpersprache ist es nicht getan. Es geht vielmehr darum, seine eigene innere Welt anzuhalten und wirklich hören und verstehen zu wollen, ohne sofort zu bewerten und eine Gegenrede zu entwerfen.

Stellen Sie in Gesprächen fest, dass Sie gar keine Lust verspüren, überhaupt hinzuhören, nützt auch keine noch so ambitionierte Methode etwas. Bei fehlendem Interesse, sei es aufgrund des Themas oder des Gegenübers, sollte Sie nach der Ursache forschen. Denn die liegt in diesem Fall in Ihnen. Möchten Sie gerne Ihr Interesse fördern, finden Sie heraus, was dem entgegensteht. Das erreichen Sie mit Selbstreflexion. Entscheiden Sie sich dazu, kein Interesse entwickeln zu wollen (und ich spreche an dieser Stelle von ernstgemeintem

Interesse), so benutzen Sie bitte auch keinerlei Zuhörtechniken, denn damit erzeugen Sie höchstens eine »nicht kongruente Gesprächsatmosphäre«.

> **Welcher Zuhörertyp sind Sie?**
>
> **Selektiv-Hörer:** Sie hören, wenn Sie etwas hören wollen. Ist das Thema nicht genau Ihr Interessensbereich, schalten Sie ab. Wenn *Ihre* Stichpunkte fallen, merken Sie auf. Ernsthaftes Zuhören ist das nicht, es bleibt oft an der Oberfläche.
>
> **Bewerter:** Sie sind schnell in der Analyse und im Weiterdenken des Gesagten. Sofort haben Sie Argumente und Gegenargumente parat. Genaugenommen suchen Sie nicht den Dialog, sondern möchten Ihren Standpunkt vertreten und verteidigen.
>
> **Zuhörer:** Wenn Sie zuhören, halten Sie Ihren inneren Dialog an und stellen sich ganz auf Ihr Gegenüber ein. Sie wollen Hintergründe und Motive wirklich verstehen, auch emotional. Ihr Gegenüber bekommt Ihre volle Aufmerksamkeit.

»Ich schalte doch nur auf Durchzug, weil der Vortrag so langweilig ist.« Oder weil der Kollege immer so ausschweifend referiert, weil die Luft so schlecht ist, oder, oder, oder. Es gibt scheinbar immer ein gutes Argument für das Abschalten und Nichtmehrhinhören. Dem sollten Sie auf den Grund gehen, denn die meisten Gründe lassen sich beheben und auflösen. Machen Sie Zuhören zum Thema im Team und sammeln Sie Aufmerksamkeitsbehinderer und entsprechende Gegenmaßnahmen.

»Wenn du sprichst, wiederholst du nur, was du eh schon weißt; wenn du aber zuhörst, kannst du unter Umständen etwas Neues lernen.« DALAI LAMA

Warum mögen wir nicht zuhören?

Sammeln Sie *äußere Einflüsse*, die das Zuhören mühsam machen. Beispiele: PowerPoint-Vorträge, eingeschaltete Smartphones, Laptops auf dem Tisch etc.

___

___

Genauso sammeln Sie *innere Einflüsse*, die einen hemmenden Einfluss auf die Aufmerksamkeit haben. Beispiele: Ärger, Wut, Antipathie, Stress etc.

___

___

Überlegen Sie nun Maßnahmen, die eine aufmerksamkeitsförderliche Atmosphäre schaffen. Beispiele: Meetings ohne PowerPoint, Teilnahme nur bei relevanten Themen, Konfliktklärung etc.

___

___

Die Kunst des Zuhörens

Das dyadische Zwiegespräch lässt sich auch auf eine Gruppe übertragen, um dort das Zuhören wieder zu lernen beziehungsweise zu verbessern.

Sinnvoll ist eine Konstellation, in der sich alle gegenübersitzen und Blickkontakt aufnehmen können. Laptops und Co. sollten beiseitegelegt werden. Das Teammitglied, das eine Frage beantwortet, wird von allen anderen angeschaut. Er oder sie selbst muss keinen Augenkontakt halten, sollte aber jederzeit die Augen der anderen finden können.

Der Moderator (diese Rolle kann vorher vergeben werden) verkündet die Fragestellung und nennt den Zeitrahmen für den ersten Durchlauf (z. B. zehn Minuten). Beispiele: »Sag uns etwas zur Situation XY, von dem du denkst, dass du es uns jetzt sagen solltest.« »Was bedeutet gute Teamarbeit für dich?« »Was heißt Führung aus deiner persönlichen Sicht?«

Das Teammitglied horcht nach innen und lässt sich Zeit zu schauen, welche Antworten entstehen, und teilt diese mit. Die anderen Teammitglieder hören zu, ohne mimisch oder gestisch zu reagieren und ohne zu kommentieren. Sie versuchen, den Sprecher so wertfrei wie möglich anzuschauen, unabhängig von seiner Rolle, seinem Status oder möglichen Konflikten. Wenn der Sprecher schweigt, wird die Frage noch einmal wiederholt. Nach Ablauf der Zeit wird gewechselt und ein anderes Teammitglied spricht.

Die »passenden« Worte

»DAS SAGEN WIR HIER SO ABER NICHT«

Komme ich als Beraterin in eine Organisation, dann beginnt es üblicherweise schon während der Auftragsklärung, spätestens jedoch im ersten Workshop: das Einnorden auf die systemtaugliche Sprache. Witzig, werde ich doch engagiert, um konstruktiv zu irritieren – und gleichzeitig hoffen alle, dass ich es nicht wirklich tue. Zumindest nicht sofort. Oder wenigstens nicht so offensiv. Oder höchstens in homöopathischen Dosen.

Wie dem auch sei: Wenn ich die Menge der aufgebrachten Energie betrachte, mit der man versucht, mich zum Gebrauch der »richtigen« Worte zu erziehen, lassen sich durchaus ein paar brauchbare Hypothesen bilden. Zum Stellenwert von echtem Diskurs in einem System beispielsweise. Oder zum Umgang mit anderen Meinungen, Sichtweisen, Begrifflichkeiten. Mir fällt auf, dass sich viele Organisationen gleichen im Hinblick auf die Dos und Don'ts. Deshalb kommen hier meine Top 3 der verbotenen Ausdrücke:

»Problem«

Eigentlich dachte ich, dass das weichgespülte Ersetzen von »Problem« mittlerweile nur noch zum Running Gag taugt. Weit gefehlt. »Wir reden nicht gerne von Problemen. Bei uns gibt es Herausforderungen. Das klingt auch viel positiver.« Ja, der Klang mag lieblicher sein, aber der Weg zum Nicht-sehen-Wollen wird auch definitiv kürzer.

»Feedback«

»Wir geben hier lieber positives Lob, Kritik hilft doch auch nicht immer.« Der Begriff »Feedback« wird von vielen Menschen mit Kritik gleichgesetzt. Und zwar mit negativer Kritik, die be- und abwertet. Das allein wäre ja nicht schlimm, da könnte Begriffsklärung Abhilfe schaffen. Das passiert aber nicht, stattdessen findet gar keine Rückmeldung statt. Schade, Chance vertan.

»Gruppendresche«

Ja, ich gebe es zu, dieser Begriff lässt an körperliche Auseinandersetzungen denken, die einen klaren Verlierer haben. Gleichzeitig ist er hervorragend geeignet, wenn wieder einmal folgende Frage auftaucht: »Wenn ein Team selbstorganisiert arbeitet und einer nicht mitmachen will, was kann man da tun?« Antwort: »Nix, das regelt das System selbst. Zur Not gibt's Gruppendresche.« Ob man diesen oder einen anderen Begriff verwendet, spielt nur eine untergeordnete Rolle. Die Idee, dass Menschen in echte Auseinandersetzungen gehen, um das Wie, Was, Wer, Warum ihrer Zusammenarbeit auszuhandeln, gehört zu den häufigsten Tabus.

(Auszug aus meinem Artikel auf www.impulse.de)

Es geht also um Kommunikation, genau. Kommuniziert wird viel, ausführlich, oft; und wir sind der Meinung, es zu können. Meine Beobachtung: In vielen Organisationen wird mit Kommunikation und Sprache sehr fahrlässig umgegangen. Dass Sprache nicht nur unsere Gedanken ausdrückt, sondern sie auch gleichzeitig formt, scheint den Menschen zu wenig bewusst zu sein. Das gilt für uns als Individuen, aber noch wichtiger ist es auf der Systemebene.

Kommunikation als Operation sozialer Systeme

Folgt man dem Systemiker Niklas Luhmann, ergibt sich ein ganz anderes Verständnis von Kommunikation, als es üblicherweise in Form von trivialen Sender-Empfänger-Ideen diskutiert wird. Einige seiner wesentlichen Aussagen biete ich Ihnen hier als Denkanstoß an.

- Ein soziales System besteht nicht aus einzelnen Menschen, sondern aus Kommunikation. Mit unseren Gedanken und unserer Psyche sind wir Umwelt und nehmen an der Kommunikation teil. So können wir stören, irritieren, Impulse geben, aber massiv verändern können wir nicht.
- Kommunikation passiert *zwischen* den Menschen.
- Kommunikation ist die kleinste unteilbare Einheit. Durch sie bilden sich Systeme autopoietisch (s. Glossar), erhalten sich und grenzen sich zur Umwelt ab.
- Der »Chef« in der Kommunikation ist der Empfänger.
- Erfolgreiche Kommunikation ist nicht Konsensbildung, sondern fortgesetzte Kommunikation.
- Wir reden, um zu verstehen, was wir so wenig verstehen.

Werde ich, wie im Einstiegsbeispiel, zu Beginn einer Zusammenarbeit über die organisationsübliche Sprache belehrt, so dient das keineswegs meiner Information, sondern dem Selbsterhalt der Organisation. Was aber passiert, wenn ich mich darüber hinwegsetze? Wohl nur wenig, meine Ausführungen würden resonanzlos verhallen oder ich würde mittels Gruppendresche zur Systemkonformität erzogen.

»Kommunikation ist unwahrscheinlich. Sie ist unwahrscheinlich, obwohl wir sie jeden Tag erleben, praktizieren und ohne sie nicht leben würden.« NIKLAS LUHMANN

Aber die Arbeit mit und über die Kommunikationsmuster ist wichtig. Es lässt sich viel erfahren über Vorgehensweisen, Strukturen und mentale Modelle. Und andersherum lässt sich über »verabredete« Kommunikation Einfluss nehmen auf Verhalten und Denken. Zunächst braucht es Aufmerksamkeit, um die Sprache, die eine Organisation spricht, zu erkennen. Welche Begriffe werden verwendet, wie gut sind die Menschen im Kontakt zueinander, was wird tabuisiert und so weiter? Unter dem Blickwinkel der Anpassungs- und Veränderungsfähigkeit hat der chilenische Wissenschaftler Marcial Losada (2005) die Sprache von Teams untersucht und gemeinsam mit der Psychologin Barbara Fredrickson ein nicht lineares Modell zur Team-Performance vorgestellt.

»Positive« versus »negative« Sprache

Nach Losada ist es das Verhältnis zwischen positiver und negativer Sprache, das sogenannte High-Performance-Teams von den Low Performern unterscheidet. Dabei geht es jedoch nicht rein um Ergebnissicherung, sondern um Flexibilität (vor allem unter Druck), um die Bereitschaft, sich auf Neues einzulassen, und um Resilienz. Für die Unterscheidung spielen drei Interaktionsfaktoren eine Rolle:

- Art der Redebeiträge:
  optimistisch/unterstützend versus ablehnend/zynisch
- Bezug der Redebeiträge:
  Selbstbezug (auf das Team) versus Fremdbezug
  (auf Menschen außerhalb des Teams)
- Verständnis füreinander:
  Nachfragen versus Verteidigung

Wird in einem Team im Verhältnis 6:1 positiv kommuniziert, spricht Losada von einem High-Performance-Team. Das Arbeitsklima in diesen Teams wird als sehr inspirierend und wertschätzend bezeichnet. Sie erbringen höhere Ergebnisse, gelten als kreativ und frisch. Wie ist es um die Sprache Ihres Teams beziehungsweise Ihrer Organisation bestellt?

Unsere Sprache

Beobachten Sie während der kommenden Besprechungen, in der Kaffeeküche oder auch beim Mittagessen, welche Sprachmuster Sie wiederholt erleben. Sie können beispielsweise auf folgende Aspekte achten:

Werden viele Fragen gestellt, um mehr Verständnis zu erreichen?

Wird vornehmlich über Probleme gesprochen?

Wird vornehmlich über Lösungen gesprochen?

Dürfen alle in Ruhe aussprechen?

Gibt es (viele) ausufernde Beiträge?

Wie wird mit konträren Meinungen umgegangen?

Welche Worte werden benutzt? Aus welchem Umfeld kommen die Begriffe? Welche Metaphern sind »in«?

Wird viel oder wenig im Konjunktiv gesprochen?

Ist »Ja, aber …« häufig Beginn eines Redebeitrages?

Vom »Die« zum »Wir«

In vielen Bereichen der Organisation B. war das Sprechen über »die anderen«, über deren Versäumnisse und vermeintliche Defizite, sehr üblich. Innerhalb der Führungsmannschaft überlegte man, wie sich dieses Muster verändern ließe. Die Idee der Wir-Kritik entstand. Jeder Kollege, egal, ob Führungskraft oder nicht, muss nun Kritik an anderen in Wir-Form formulieren. Die Verabredung ist eine gegenseitige Verpflichtung, das heißt, nicht nur der Kritiker selbst, sondern auch der Zuhörer achtet auf die Einhaltung. Dieser vermeintlich kleine rhetorische Kniff hat eine große Wirkung. Wird eine Kritik (oder ein einfaches Lästern) in Wir-Form gedacht, ist der Kritiker selbst eingeschlossen. Eine distanzierte Schuldzuweisung ist so kaum mehr möglich. Vielmehr schafft es das Bewusstsein, selbst Teil der Situation zu sein und somit auch der Lösung. Aus der Erfahrung berichten einige Führungskräfte, dass Mitarbeiter und Kollegen nicht mehr zum »Ablästern« vorbeikommen und sogar Probleme, die sie bis dato bei ihren Führungskräften abgekippt haben, nun selbst mit den entsprechenden Kollegen klären.

Losgelöst vom Kontext lässt sich nicht sagen, welche Sprachmuster gut, schlecht oder hilfreich sind. Haben Sie Ihre Muster identifiziert, können Sie nun überlegen, durch welche Strukturen sie verursacht werden. Sie erhalten so wertvolle Einblicke, wie Ihre Organisation oder Ihr Team tickt. Nehmen Sie gedanklich das Bergwerk (s. Kapitel »Einfluss nehmen – an der richtigen Stelle«) zur Hilfe.

Über die Ebene der Kommunikationsmuster lassen sich Veränderungen initiieren, damit Verhalten und in der Folge meist auch Haltung sich anpassen. Damit das in einer Gruppe von Menschen gelingt, braucht es eine klare Verabredung und die stringente Umsetzung. Negatives Feedback ist erforderlich, um das bisherige Kommunikationsverhalten umzulenken. Konsequenz und Durchhaltevermögen sind notwendig, damit sich das Neue etablieren kann und das System lernt, auf Dauer anders zu agieren.

Organisation der Organisation

5

> **»WIR BRAUCHEN ANDERE FÜHRUNGSKRÄFTE!« – ECHT?**
>
> Häufig erreichen mich Anfragen, wenn es darum geht, in einer Organisation etwas zu verändern. Bei vielen dreht es sich um »Führungskräfteentwicklung«, weil man hofft, mit der Veränderung der Führungskräfte auch Probleme in der Organisation zu beheben. Die Unternehmen investieren durchaus großzügig in Ausbildung, Weiterbildung und Coaching ihrer Führungsmannschaften, denn sie alle spüren, dass sich etwas verändern muss. Die Motive für das Investment sind verschieden, mal sind es sinkende Umsätze, mal schlechte Ergebnisse einer Mitarbeiterbefragung, mal direkt nörgelnde Mitarbeiter. Was sie eint, ist ein grundlegender Denkfehler. Nicht die Führungskräfte sind das Problem (außer in sehr wenigen Einzelfällen), sondern wie Führung in Unternehmen grundsätzlich gelebt, wie sie verstanden wird. Es sind Systemprobleme, die hinter den Symptomen liegen. Also liegt die Lösung im System, in der Organisation. Führungskräfte auf etwas zu schulen, was sich im Unternehmen gar nicht umsetzen lässt, ist Geld-, Zeit- und Motivationsverschwendung. Führung und Organisation können und dürfen nicht getrennt betrachtet werden. Soll die Art der Führung verändert werden, muss etwas im System verändert werden, nicht an den Menschen.

Steil, flach oder gar keine? Schnell ist die Rede von der Hierarchie, wenn es um Organisationsgestaltung geht. Gemeint ist dann die formale Hierarchie und gefragt wird nach der idealen Organisationsform. Die Frage ist nur leider die falsche. Denn:

- Es gibt nicht *die* Organisationsform.
- Neben der formellen existiert immer auch eine informelle Hierarchie (s. Glossar).
- Die formale Organisationsgestaltung hat viel mit dem Menschenbild in der Organisation zu tun.
- Wir halten an alten Paradigmen und Methoden fest, auch wenn die Umstände sich verändern.

Die notwendige Frage lautet: Was steuert ein Unternehmen? Die Antwort: Der Markt. Wenn das so ist und der Markt heute dynamisch, schnelllebig und komplex ist, was ist dann eine sinnvolle Organisationsgestaltung, um dem zu begegnen? Antwort: Dezentrale Führung. Spätestens mit dieser Aussage entbrennt meist die Diskussion um konkrete Maßnahmen, Methoden und Konzepte. Schnell wird wieder nach einem Rezept gefragt. Das allerdings gibt es weiterhin nicht. Eine Diskussion darüber, ob eine Organisation besser holokratisch, demokratisch, agil oder nach einem anderen modernen Konzept gestaltet werden sollte, würde den Rahmen hier sprengen. In den Literaturtipps finden Sie aber Bücher, die diese Konzepte im Detail vorstellen, erläutern und mit Beispielen untermauern. Ich möchte in diesem Arbeitsbuch Ihren Blick ganz bewusst nicht auf Beispiele lenken, sondern auf grundlegende Überlegungen, an denen Sie Ihre aktuelle Organisation spiegeln können. Denn so oder so geht es immer um den Kontext Ihrer Organisation.

Pyramide oder Netzwerk?

Die meisten tradierten Organisationen sind heute immer noch vornehmlich zentralistisch gestaltet und auf Effizienz getrimmt, mit einer pyramidischen formalen Hierarchie. Demgegenüber steht die Netzwerkorganisation mit dezentraler Führung und hoher Anpassungsfähigkeit.

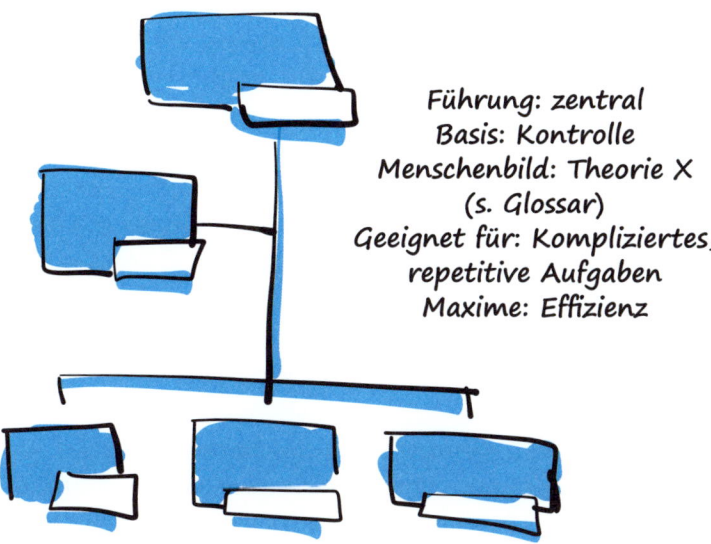

Führung: zentral
Basis: Kontrolle
Menschenbild: Theorie X
(s. Glossar)
Geeignet für: Kompliziertes, repetitive Aufgaben
Maxime: Effizienz

Führung: dezentral, selbstorganisiert
Basis: Vertrauen, Kooperation
Menschenbild: Theorie Y (s. Glossar)
Geeignet für: dynamische Märkte, Komplexität
Maxime: Anpassungsfähigkeit

Die Transformation von einer zentralistischen hin zu einer (mehrheitlich) dezentralen Organisationsform umfasst weit mehr, als Kästchen aus dem Organigramm zu Netzwerkknoten zu machen. Es ist ein Paradigmenwechsel. Es ist meine tiefste Überzeugung, dass dieser Wechsel längst notwendig ist und Organisationen mit den Nachteilen der klassischen Pyramide auf Dauer nicht überleben können. Und um

> **Grundannahmen: Mensch und Arbeit**
>
> Reflektieren Sie, welche der folgenden Grundannahmen sich mit Ihrem Bild von Arbeit und den agierenden Menschen decken.
>
> - Menschen (Arbeiter) sind eher faul und müssen incentiviert werden, um zu leisten.
> - Geld dient der Motivation von Arbeitern.
> - Konzeptionelle und operative Arbeit sind zu trennen. Die Führung denkt, der Arbeiter leistet.
> - Arbeit soll in kleinstmögliche Vorgänge zerlegt werden, um sie präzise beschreibbar zu machen.
> - Für die Erledigung der Aufgaben braucht es keine Facharbeiter mehr.
> - Oberstes Ziel ist Effizienz.
> - Eine Organisation kann man kontrollieren.

es an dieser Stelle ganz deutlich zu sagen: Es geht nicht um sozialromantisches Gutmenschentum. Dass die Menschen in selbstorganisierten Netzwerken in der Regel motivierter, kreativer, selbstbestimmter und damit zufriedener mitwirken, ist das Nebenprodukt. In erster Linie geht es um die Zukunfts- und Erfolgsfähigkeit der Organisation.

Ein Arbeitsbuch kann die dafür notwendige Transformation nicht anleiten. Wozu ich Sie an dieser Stelle aber einlade, ist, einige Organisationsaspekte zu überdenken und zu hinterfragen.

Die Welt, die mit diesen Grundannahmen beschrieben wird, ist die des Industriezeitalters. Mir ist noch keine Führungskraft begegnet, die alle Annahmen bejaht hätte. Den Menschen in unseren heutigen Organisationen ist bewusst, dass wir nicht mehr im Industriezeitalter arbeiten und sich die Anforderungen hinsichtlich Fähigkeiten, Kompetenzen, Zusammenarbeit und Führung stark verändert haben.

Pyramidische Hierarchien sind aber nach wie vor weit verbreitet und werden zum Teil vehement verteidigt. Das ist nicht weiter verwunderlich, die Denkbasis dahinter wird schließlich seit Anfang des 20. Jahrhunderts von Generation zu Generation weitervermittelt. Es sind die Grundannahmen des Scientific Management (s. Glossar), die das Bild vom Mitarbeiter und von der Arbeit an sich prägen. Sie finden sich in den Glaubenssätzen von Managern und Führungskräften wieder.

Dies hat dazu geführt, dass viele Mechanismen, oft in Form von Regeln, Vorgaben und Bürokratie, dafür sorgen sollen, flexibles, dynamisches Arbeiten in starren Hierarchien möglich zu machen. Das klappt aber nicht. In der Folge pervertieren die Organisationssysteme. Kontrolle der Kontrolle, Überbürokratisierung, noch mehr Prozessvorgaben, KPIs und Reporting sowie der dauernde Versuch, Komplexität zu reduzieren, sorgen für Frust bei den Menschen, tragen nicht zur Wertschöpfung bei und lähmen die gesamte Organisation. Eine Gegenmaßnahme ist dann ein neues Führungskräfteentwicklungsprogramm, dessen Wirksamkeit jedoch sehr begrenzt ist. Am Ende beschäftigt sich die Organisation mehr mit sich selbst als mit dem Markt.

> **Glaubenssätze »Pro Pyramide«**
>
> Betrachten Sie die nachfolgenden Aussagen, und überprüfen Sie für sich, ob Sie die Annahmen teilen.
>
> - Ab einer bestimmten Größe braucht es zentrale Steuerung.
> - Ein geregelter Informationsfluss lässt sich nur über die Pyramide erreichen.
> - Zentrale Steuerung hilft, Konflikte zu vermeiden.
> - Eine pyramidische Hierarchie sorgt für schnelle und klare Entscheidungen.
> - Ohne zentrale Steuerung herrscht Chaos.
> - Menschen brauchen und wollen klare Abgrenzungen und Verantwortlichkeiten.

Glauben Sie an eine oder mehrerer dieser Aussagen, werden Sie dezentrale Organisation vermutlich für nicht machbar, ineffizient oder sonst wie unsinnig halten. Dies ist Ihre Meinung, die Sie aus Ihren Glaubenssätzen ziehen. Es ist nicht die Netzwerkorganisation, die Sie abhält, sondern Ihr Bild davon. Es ist wichtig, die »bewährten« Glaubenssätze gelegentlich auf ihre Validität zu überprüfen und das eigene mentale Modell gegebenenfalls zu aktualisieren.

Was können Sie tun? Auf jeden Fall können Sie aufräumen. Die Organisation auszumisten, ist ein guter Startpunkt für den offenen Diskurs über die zukünftige Gestaltung und Entwicklung. Dann werden Mechanismen, die mehr oder weniger alle als gegeben hingenommen haben, hinterfragt.

Organisation ausmisten

Reflektieren und diskutieren Sie im Team, inwieweit die nachfolgend aufgeführten Methoden, Prozesse und Denkmodelle zur Wertschöpfung beitragen. Überlegen Sie, was geschieht, wenn Sie darauf verzichten. Welche Aus- und Wechselwirkungen können entstehen?
Wo würden sich welche Dinge verändern? Nutzen Sie, wenn möglich, Rückkopplungsschleifen zur Visualisierung. Entscheiden Sie dann, was Sie weglassen oder umgestalten wollen und können.

Kernarbeitszeit	Forecasts
»Ampel-Reporting«	Budgetierung / Jahresprogramm
Reisekostenrichtlinie	Betriebliches Vorschlagswesen
Beurteilungsgespräche	Mitarbeiterbefragungen
Feelgood-Manager	Individuelle Zielvereinbarungen
Balanced Scorecards	Stellenbeschreibungen
Organigramm	»Altes« Menschenbild

Literaturtipps

Tim Mois, Corinna Baldauf: *24 Work Hacks*
Hermann Arnold: *Wir sind Chef*
Bernd Oestereich, Claudia Schröder: *Das kollegial geführte Unternehmen*
Andreas Zeuch: *Alle Macht für niemand. Aufbruch der Unternehmensdemokraten*
Frederic Laloux: *Reinventing Organizations*
Niels Pfläging, Silke Hermann: *Organisation für Komplexität*
Brian J. Robertson: *Holocracy*
Malte Foegen, Christian Kaczmarek: *Organisation in einer digitalen Zeit*
Mark Lambertz: *Freiheit und Verantwortung für intelligente Organisationen*
Markus Väth: *Arbeit – die schönste Nebensache der Welt*

Mit- oder nebeneinander?

AUF DEM SCHLACHTFELD?

Es ist die Auftaktveranstaltung für einen Prozess, in dem die Zusammenarbeit in der Raffinerie M. während des Turnarounds grundlegend verbessert werden soll (»Turnaround« ist die regelmäßige Wartung und Überholung der Anlage, während sie stillsteht; zu diesem Anlass befinden sich rund 2000 zusätzliche Personen auf dem Gelände). Neben der Geschäftsleitung sind einige Bereichsleiter, Abteilungsleiter und Turnaround-Verantwortliche um den großen Konferenztisch versammelt. Einer der anwesenden Geschäftsführer macht die Notwendigkeit der Maßnahme noch einmal deutlich, denn man sieht (oder erhofft sich) ein Einsparpotenzial von mehreren Millionen Euro pro Turnaround, wenn die Zusammenarbeit verbessert und die Datenverarbeitung automatisiert wird. Eine lebhafte Diskussion beginnt. Es geht um Vorgehensweisen, Hoheiten, Ziele, Zuständigkeiten und vieles mehr. Ich darf diesen Prozess begleiten und habe die Moderation der Veranstaltung übernommen. Also beobachte ich und höre genau zu. Immer mal wieder notiere ich Begriffe, die zur Beschreibung von Personen, Gruppen oder Ereignissen verwendet werden. Am Ende des Tages spiegele ich den Teilnehmern folgende Begrifflichkeiten: Schlacht, Teeren und Federn, Schuldiger, Munition, Kriegsparteien, auf einer Seite stehen – und noch einige andere Anleihen aus dem Kriegswesen. Die Sprache, die hier verwendet wird, lässt erste Hypothesen über die Art der Zusammenarbeit zu. Ist es Kooperation oder doch eher Kampf?

Ego-Shooter oder Herdentier?

Um die Art der Zusammenarbeit zu beschreiben, werden gerne Metaphern bemüht: Da ist von der Höhle des Löwen die Rede, bisweilen wird den Löwen etwas zum Fraß vorgeworfen, Arbeit ist Krieg, es sind keine Herrenjahre und so weiter. In den Köpfen der Menschen scheint die Idee vom Gegeneinander statt Miteinander fest verdrahtet. Kein Wunder, jahrzehntelang wurden Egoismus und Vorteilsstreben als Grundeigenschaft aller Menschen behauptet. Die Idee des Homo oeconomicus ist jedoch längst widerlegt. Menschen bevorzugen Kooperation und sind von Natur aus eher altruistisch als rein egoistisch. Der Gedanke an den berechnenden Menschen aber hält sich. Gleichzeitig wird Kooperation fortlaufend gefordert, sie gehört schließlich zum guten Ton. Vor allem wenn es um Agilität, New Work, Demokratisierung oder andere Konzepte geht (die fälschlicherweise oft für Methoden gehalten werden), klingt »Kooperation« nach etwas Selbstverständlichem. Da klafft allerdings eine Spalte zwischen Wunsch und Wirklichkeit. Immer wieder erlebe ich die Forderung nach konstruktiver Zusammenarbeit und kompromissloser Kooperation bei gleichzeitiger Verhinderung durch konfligierende Ziele oder Ähnliches. Für die Menschen bedeutet das vor allen Dingen eines – ein Dilemma. Sie sollen etwas tun, was sie auch tun möchten, aber nicht umsetzen können. Kooperation nur auf der Ebene der handelnden Personen zu fordern, die Struktur dafür aber nicht zu bereiten, ist unfair und führt sicher nicht zum gewünschten Ziel.

Egoismus wird in der Arbeitswelt immer noch in hohem Maße gefördert. Karriere macht, wer sich durchsetzt und dabei durchaus seine Ellenbogen einsetzt. Ist er oder sie auf dem Posten angekommen, sind eigentlich eher kooperative Strategien und Verhaltensweisen notwendig und gefordert. Das ist dumm, denn die hat sich der Aufsteiger abtrainiert. Ein Außenstehender könnte den Eindruck gewinnen, es handle sich um Fremde, die zufällig in derselben Organisation arbeiten. Dabei braucht es Verbindlichkeit, um gut zu kooperieren. Die entsteht eher in kleinen Gruppen, deren Mitglieder miteinander vertraut sind. Unsere Organisationen neigen jedoch zur stetigen Vergrößerung. Die Voraussetzungen sind also nicht gerade ideal, aber wir brauchen mehr Kooperation, denn Kooperation bedeutet Komplexität. Und Komplexität ist notwendig, um komplexe Aufgaben zu lösen. Damit vertrauensbasierte Zusammenarbeit unter Fremden in einer Egoismus fördernden Umgebung funktionieren kann, sind ein paar Bedingungen zwingend:

- Ein gemeinsames Ziel, denn darüber entsteht Verbindlichkeit zwischen den Beteiligten
- Die Möglichkeit, das gemeinsame Ziel ohne fortlaufende individuelle Zielkonflikte zu erarbeiten
- Regeln und Normen, die die Verbindlichkeit sicherstellen und ein Ausreißen sanktionieren
- Kleine Gruppen mit einer eigenen Identität – bei gleichzeitigem Verständnis für das große Ganze
- Förderung von persönlichem Kontakt und Begegnungen, um einen Rückzug auf Fachliches oder die Formalien zu verhindern

Gute Gründe!?

Denken Sie an eine Situation zurück, in der Sie sich gegenüber einem bestimmten Kollegen nicht so kooperativ verhalten haben, wie Sie gekonnt hätten. Notieren Sie die Gründe, die Sie geleitet haben.

Diese Gründe haben für Sie einen Mehrwert. Wie können Sie diesen Mehrwert erreichen und gleichzeitig mehr kooperieren? Formulieren Sie einige Ideen, mit welchem Verhalten Sie den angestrebten Mehrwert kooperativer erreichen könnten.

Kooperation auf Rezept

Werfen wir einen Blick auf die Ebene der Organisation. Spätestens wenn für ein Projekt interdisziplinär gearbeitet werden muss, zeigt sich, wie gut oder schlecht die verordnete Zusammenarbeit funktioniert. Kooperation ist Vernetzung (s. Glossar) und in jeder Organisation in mehreren Formen existent. Informell wird der sogenannte Obergefreitendienstweg zur Einflussnahme, zum Zugriff auf Ressourcen, zur Zukunftssicherung oder zur Vorteilsnahme genutzt. Diese Netzwerke sind nicht formal oder über die Hierarchie abgesichert. Sie treten nicht öffentlich sichtbar auf, haben kein Logo und bilden oft eine Opposition gegen die hierarchisierte Struktur. Verordnete Kooperation ist dann quasi die dritte Schicht neben formaler Hierarchie und informellem Netzwerk. Per se bedeutet das viel Dynamik und vorprogrammierte Ziel- und Interessenkonflikte. In der Praxis erlebe ich diverse Versuche, dieses Kooperieren zu fördern. »Seid kooperativ!«, ist der Appell, gefolgt von mehr oder weniger durchdachten Teambuilding-Maßnahmen und dem Bedrucken von Kaffeetassen mit dem Projektslogan. Wird Kooperation als künstliche Struktur auf eine bestehende gepfropft, ergibt dies den bekannten Systemurtypen »Wachstum ist endlich« (s. Kapitel »Einfluss nehmen – an der richtigen Stelle«). Der Versuch, mit vielen Ideen und Maßnahmen Kooperation zu fördern, stößt schnell an seine Grenzen. Besser ist es, die Hindernisse zu beseitigen. Die wiederum finden Sie am ehesten auf der Ebene der Systemstruktur und der mentalen Modelle.

»Verfallen wir nicht in den Fehler, bei jedem Andersmeinenden entweder an seinem Verstand oder an seinem guten Willen zu zweifeln.« OTTO VON BISMARCK

Stimmt die Basis?

Es gibt einige kooperationsfördernde Aspekte, auf die Sie in Ihrer Organisation leicht achten können. Die grundlegende Basis für Kooperation ist Vertrauen. Ohne Vertrauen wird eine Zusammenarbeit nicht gelingen beziehungsweise sie bleibt ein fragiles Konstrukt. Schauen Sie bitte bewusst noch einmal auf den Aspekt Vertrauen in Ihrem Team, Ihrer Abteilung, Ihrer Organisation.

Kooperationsförderlich sind:

- eine Teamidentität
- ausreichende Ressourcen (Budget, Zeit, Kompetenzen …)
- ein gemeinsames Ziel
- Verbindlichkeit und Eindeutigkeit der Rollen
- gegenseitige Achtung
- Kommunikation auf Augenhöhe
- transparente Entscheidungsstrukturen
- Verzicht auf individuelle Anreizsysteme

Was verhindert Kooperation?

Initiieren Sie im Team einen Diskurs über die Kooperationsverhinderer. Nutzen Sie das »Bergwerk« zur Erinnerung an die systemischen Ebenen. Schauen Sie vor allem auf den Ebenen Struktur und mentales Modell nach Aspekten, die Kooperation verhindern. Erarbeiten Sie für die drei oder vier Punkte mit besonders großer Hebelwirkung Ideen, wie sie sich ausräumen lassen.

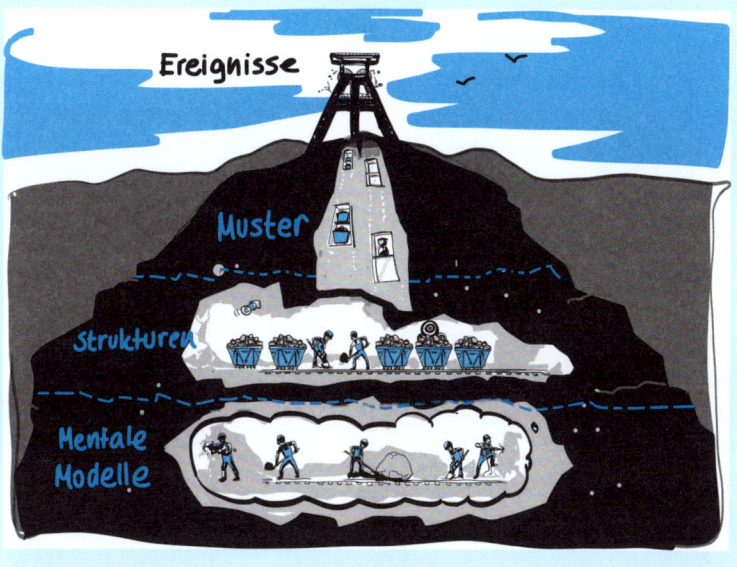

7 Sinnhaft und visionär

Seit einigen Jahren ist es populär, den Problemen in Organisationen mit Werte- oder Visionsarbeit zu begegnen. In ganz schlimmen Fällen verspricht dann Kulturarbeit vermeintlich schnelle Hilfe. Dass es entsprechende Angebote von Beratern und Moderatoren nun schon seit geraumer Zeit gibt, ist allerdings kein Indiz für deren Wirkkraft. Im Gegenteil, es scheint mir eher einer der typischen Mehr-vom-Gleichen-Fälle zu sein. Steht die Diagnose »Werte müssen her« einmal, dann wird nur ungern davon wieder abgewichen. Funktioniert der Ansatz dann nicht, wird der Grund oft bei den Mitarbeitern vermutet. Die sperren sich wohl und sind nicht veränderungsbereit. Dabei liegen Ursache und Lösung (mal wieder) im System und in den seltensten Fällen in den einzelnen Menschen. Gleichzeitig ist es wichtig, eine Vision zu haben. Eine, die möglichst alle Beteiligten teilen und die auch durch turbulente Zeiten trägt. Denn die Vision dient dazu, Mitarbeiter zu binden. Sie ist nicht zu verwechseln mit einem Mission-Statement, das Sie Ihren Kunden vorlegen.

»A vision should be judged by the clarity of its values, not the clarity of its implementation path.«
DONELLA H. MEADOWS

Die Vision einer Organisation beginnt immer mit der persönlichen Vision der Einzelnen. Eine übergestülpte, verordnete Vision kann nicht tragfähig sein. Mit ihr bekommen wir höchstens Mitmacher, aber keine engagierten Kämpfer. Die Mitarbeiter sollten zunächst ermutigt werden, ihre eigene persönliche Vision zu entwickeln. Daraus lässt sich dann eine gemeinsame erarbeiten, in einem Prozess, der andauert. Er endet nicht eines Tages – und schon gar nicht nach einem Workshop. Das Ganze ist kein Schmusekurs, sondern Aus-

NEUE WERTE UND VISIONEN

Die Ergebnisse der letzten Mitarbeiterbefragung waren katastrophal, das Zeugnis für Führung mangelhaft und der neue CEO will jetzt die Kehrtwende einleiten. Die deutsche Organisation ist im internationalen Vergleich das Schlusslicht im Konzerngefüge, auch wenn es um den Gewinn geht. Die Situation ist also prekär, es muss etwas getan werden. Der Leiter Personal- und Organisationsentwicklung bittet um ein Vorgespräch mit mir. CEO und Personalentwicklung haben in diversen Gesprächen eruiert, dass sie in ihrer Organisation ein Führungsproblem haben, was die Mitarbeiter in die innerliche Kündigung getrieben hat. Und auch eine Lösungsidee haben sie generiert, die Anfrage an mich bezieht sich auf die Moderation der Umsetzung dieser Idee. Die Verordnung der richtigen Werte und eine gute Vision sollen es richten. Dazu ist ein zweitägiger Workshop angedacht, in dem der CEO einige ausgewählte Führungskräfte des gehobenen Managements auf den zukünftigen Wertekanon einschwört. Ist der für alle klar und angenommen, soll eine Vision formuliert und in die Organisation getragen werden. Dabei wird stark vermutet, dass es auch unter den Führungskräften »Verweigerer« gibt, weshalb der Umgang mit ihnen ebenfalls bedacht werden soll.

Die Absicht hinter der Idee, auf diese Weise die Organisation neu zu beleben und Ergebnisse zu verbessern, ist eine positive, keine Frage. Leider funktionieren soziale Systeme, Werte und Visionen so nicht. Der Ansatz ist so höchstwahrscheinlich nicht kraftvoll genug, um radikale Änderungen zu bewirken. Am Ende arbeiten wir nicht zusammen, ein bereits »bewährter« Kollege führt die Workshops durch wie gewünscht.

Galerie der Vision(en)

Ein Einstieg in den Diskurs kann in der Tat ein Workshop mit dem Team sein. Eine Vorgehensweise, die sich bewährt hat, ist die folgende:

- Blicken Sie gemeinsam in die Vergangenheit. Benennen und besprechen Sie Erfolge, Misserfolge, erlebte Geschichten und würdigen Sie alle als Teil der gemeinsamen Vergangenheit.

- Fragen Sie sich, was Sie loslassen können. Was soll in die Zukunft übernommen werden? Es kann sinnvoll sein, Rituale zu nutzen, um bestimmte Themen zu verabschieden. Trauer braucht an dieser Stelle Raum und Ausdrucksmöglichkeiten.

- Schauen Sie auf Trends, die Ihre Organisation in Zukunft beeinflussen könnten. Welche sind für Sie passend, gewollt, von Bedeutung? Blicken Sie in die Zukunft, und fragen Sie sich, wer Sie dort sein wollen. Wie wollen Sie arbeiten? Als wer wollen Sie wahrgenommen werden? Was soll man über Sie sagen?

- Visualisieren Sie Ihre Ideen und Vorstellungen einzeln oder in Kleingruppen auf Flipchart-Papier oder Ähnlichem. Die mit der Zukunft verbundenen Gefühle, Ahnungen und Gedanken sind mit einer visuellen Methode leichter zugänglich.

- Hängen Sie alle Bilder aus und eröffnen Sie die Galerie. In kleinen Teams (bis maximal acht Personen) können Sie als Gruppe rumgehen. Lassen Sie jedes Bild von den Nicht-Beteiligten interpretieren. Halten Sie das Gesagte in Stichpunkten fest.

- Sammeln Sie am Ende des Rundganges alle Stichpunktzettel ein, und diskutieren Sie in der Gruppe, was sie bedeuten und worüber Einigkeit herrscht. Individuelle Sichtweisen bleiben weiterhin möglich und erwünscht.

- Eventuell finden Sie im Laufe dieser Phase einen Satz oder Halbsatz, der Ihre gemeinsame Vision beschreibt. Falls nicht, verabreden Sie im Team, wie Sie damit umgehen.

einandersetzung und Aushalten von Spannung. Die entsteht quasi naturgemäß zwischen der gemeinsamen und den persönlichen Visionen. Es ist gleichfalls unsinnig zu glauben, es ließe sich *ein* gemeinsames Bild der Zukunft entwerfen. Jede Organisationsvision hat Löcher, Schnittmengen, Kratzer, Verbindendes und Trennendes. Das darf so sein. Dass jeder Einzelne sich verantwortlich fühlt und verhält, ist ihr Ergebnis. Darauf kommt es an. Eine Vision ist kein Problemlöser für Akutfälle, sondern das Bindemittel im System. Und sollten Sie, wie viele Menschen übrigens, denken, dass Sie nun viel zu viel Zeit mit der laufenden Diskussion um Ihre Vision verbringen müssen, möchte ich Sie beruhigen. Darum geht es nicht, sondern darum, sie nicht aus den Augen zu verlieren, auch nicht im Strudel von Problemen und Turbulenzen.

Unabhängig vom Setting, in dem Sie Visionsarbeit betreiben, werden Sie immer auch über Grundwerte und Sinn Ihrer Organisation sprechen. Vision, Werte und Sinn gehen Hand in Hand.

Mit der Vision beschreiben Sie das Bild der Zukunft, das *Was*. Die Grundwerte leiten Ihr Denken und Handeln, sie sind das *Wie*. Der Sinn Ihrer Organisation ist das *Warum*.

Über sinnstiftende Führung wurde gerade in den letzten Jahren viel geschrieben und diskutiert. Allerdings ist damit häufig nur gemeint, dass eine Führungskraft ihren Mitarbeitern den Sinn von Aufgaben, Verteilungen und Rollen erklärt. Das springt zu kurz und wird weder dem System noch den Menschen gerecht. Jedes System hat einen Sinn, und Menschen arbeiten gerne mit anderen zusammen, wenn sie denselben Sinn sehen. Der Sinn muss nicht von der Basis erarbeitet werden. Ganz oft sind es, vor allem bei Neugründungen, einige wenige Menschen mit einem klaren *Warum*, die schnell andere begeistern und binden können. Dieser Sinn sollte für Sie genau so klar sein wie für Ihre Mitarbeiter.

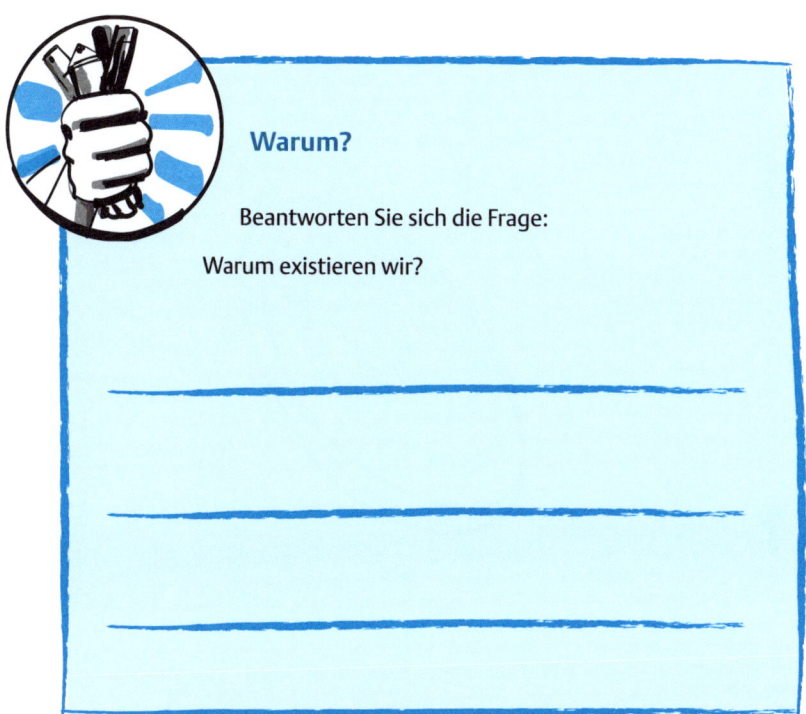

Warum?

Beantworten Sie sich die Frage:

Warum existieren wir?

8 Vom Umgang mit Zielen

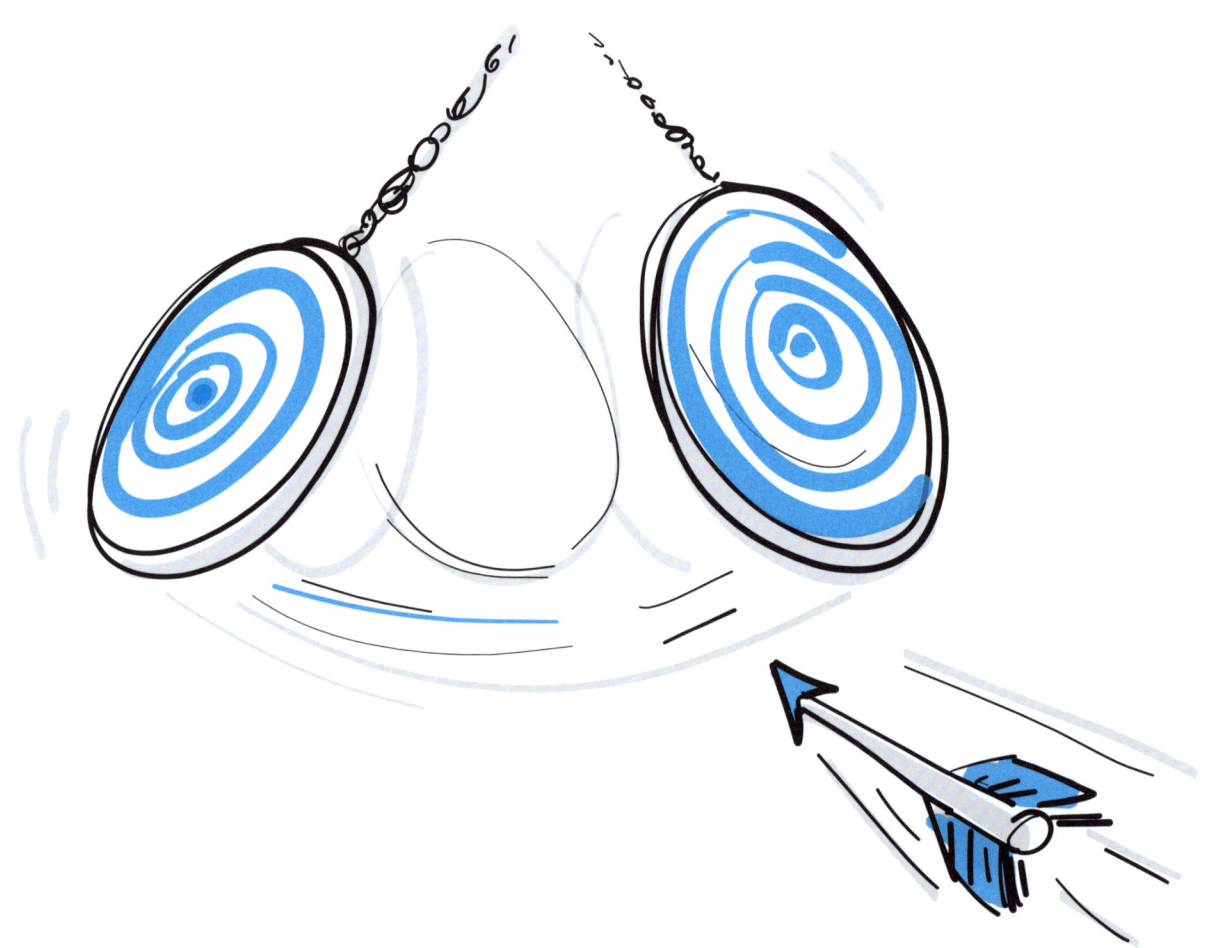

Ob es das Budgetziel, die Qualität eines Produktes oder das Verringern von Grenzwerten für bedenkliche Gefahrstoffe ist, das Aufweichen von Zielen ist ein populäres Spiel im Organisationsalltag. Dabei wird über Ziele doch so viel und intensiv gesprochen wie über sonst weniges. Oft geht es dabei um die Formulierung und die Verbreitung. In zahlreichen Ratgebern wird ausführlich erläutert, wie Ziele SMART formuliert werden und wie gewinnbringend das sei. Über Ziele lasse sich führen, wenn man sie nur klar und transparent aufbereitet. So weit, so oberflächlich.

Bei genauerem Blick, auch auf das nebenstehende Beispiel, stellt man fest, dass es in unseren komplexen Arbeitssituationen nicht *ein* Ziel gibt. Es gibt kein Ziel ohne Erwartungen an das Wie des Hinkommens. Es existieren Nebenziele, Nichtziele, konfligierende Ziele, übergeordnete Ziele und so weiter. Für den Durchblick nützt es wenig, sie alle ordentlich zu formulieren. Kein Ziel lebt in einem luftleeren Raum (auch wenn sie dort oft formuliert zu sein scheinen). Die Ziele existieren in einer dynamischen Welt, mit und an ihnen passiert etwas im Laufe der Zeit. Das gilt es zu betrachten. Lassen sich bei wiederkehrenden Zielkorrekturen Trends erkennen, liegt die Vermutung nahe, dass auf der Strukturebene nach Lösungen zu suchen ist. Die Zielkorrektur ist meist eine kurzfristige Lösung, sie mildert ein Symptom. Am Ende ist sie eine Form des Systemurtyps Problemverschiebung.

> ### »WIR ÜBERZIEHEN IMMER ...
>
> Die Runde besteht aus erfahrenen Projektmanagern und Führungskräften, teilweise in Personalunion, und es geht um die Qualität der Projekte. In der Vergangenheit wurden alle Beteiligten methodisch in Projektmanagement geschult und ein Projektmanagement-Handbuch wurde entwickelt. Trotzdem herrscht große Unzufriedenheit auf allen Seiten. Die Projektmanager haben das Gefühl, im Chaos zu versinken, die Geschäftsführung hadert mit den Zahlen. Fast kein Projekt bleibt im Budget, so gut wie alle laufen in die roten Zahlen. Dabei ist oberstes Ziel natürlich das gute Wirtschaften und damit die Budgeteinhaltung. Jedoch zeichnet sich längst ein Trend ab, da viele Projekte zwar »in time«, aber »over budget« abschließen. Die Ursachen werden vermutet in den unklaren Anforderungen, der Arbeit mit ganz neuen Aufgaben und Lösungen, der Vielzahl der Projekte insgesamt und dem bürokratischen Aufwand drum herum. Die vermeintliche Lösung für das Problem der dauernden Zielverfehlung glaubt man nun im verstärkten Projektcontrolling zu finden. Es soll mehr und kleinmaschiger kontrolliert werden, wohin die Zahlen sich bewegen, um frühzeitig gegensteuern zu können.
>
> Bei genauerer Betrachtung des Musters »Wir überziehen das Budget« ergibt sich folgendes Bild: Die Geschäftsführung entscheidet häufig aus politischen Gründen über die Annahme und die Planzahlen eines Projektes. Wenn sich abzeichnet, dass die Anforderungen im geplanten Rahmen nicht umgesetzt werden können, wird das Budgetziel gekippt. »Das wird dann jetzt halt teurer«, heißt es in solchen Situationen. Zunächst bleibt die Hoffnung, das Gesamtbudget über andere Einsparungen oder Maßnahmen wieder korrigieren zu können. Anstrengungen, um im Budget zu bleiben, werden nicht unternommen.

Das »verwaschene« Ziel

Bekannt unter dem Begriff »erodierende Ziele«, ist dieser Systemurtyp häufig zu finden. Zwei balancierende Rückkopplungskreise sind über einen Soll-Ist-Abgleich miteinander gekoppelt. Es werden Anstrengungen unternommen, um das Ziel zu erreichen (die aktuelle Situation zu verbessern). Dieser Kreislauf ist über die Aktionen handlungsgeregelt. Gleichzeitig wirken natürlich immer Erwartungen in Bezug auf ein Ziel. Das ist der Druck, das Ziel zu erreichen, und sein Kreislauf ist erwartungsgeregelt. Das eigentliche Problem ergibt sich aus der Verzögerung in den Ergebnissen, die die jeweiligen Anstrengungen hervorbringen. Sie sorgt dafür, dass Engagement und Vertrauen möglicherweise sinken und im Verlauf dann eher aufgrund des Drucks das Ziel gesenkt wird.

Das Ziel nach unten zu korrigieren, ist immer eine kurzfristige Lösung, also eine Problemverschiebung. Außerdem kann leicht eine Abwärtsspirale entstehen, wenn der Gedanke »Das bekommen wir später wieder angehoben« mitschwingt. Um mit dieser Dynamik konstruktiv umzugehen, müssen Sie sich zunächst klar entscheiden: Eine Zieländerung schließt die Lücke zwischen Soll und Ist kurzfristig; zusätzliche Anstrengungen wirken eher langfristig. Im Sinne der Nachhaltigkeit sollten Sie an Ihren Zielen und Visionen festhalten. Und dazu »gute« Ziele setzen. Die bekommen Sie, indem Sie Ihre Organisation beobachten und verstehen. Sie bekommen sie selbstverständlich nicht, indem Sie »Auf jeden Fall x Prozent mehr als letztes Jahr« oder ähnlich losgelöste Zielvorgaben setzen.

> **»Ihre Ziele, bitte ...«**
>
> Betrachten Sie Ihre aktuelle Arbeitssituation, das kann ein einzelnes Projekt, ein Vorhaben oder ein akutes Problem sein. Mit wie vielen Zielen haben Sie es zu tun? Welche davon sind Haupt-, Neben-, Nichtziele? Welche Konflikte können Sie zwischen den Zielen identifizieren?

Ihre Story über ein »verwaschenes« Ziel

Skizzieren Sie ein erodierendes Ziel aus Ihrem beruflichen oder privaten Kontext. Beginnen Sie mit dem Problemsymptom und erzählen Sie die Story Ihres Systems dazu.

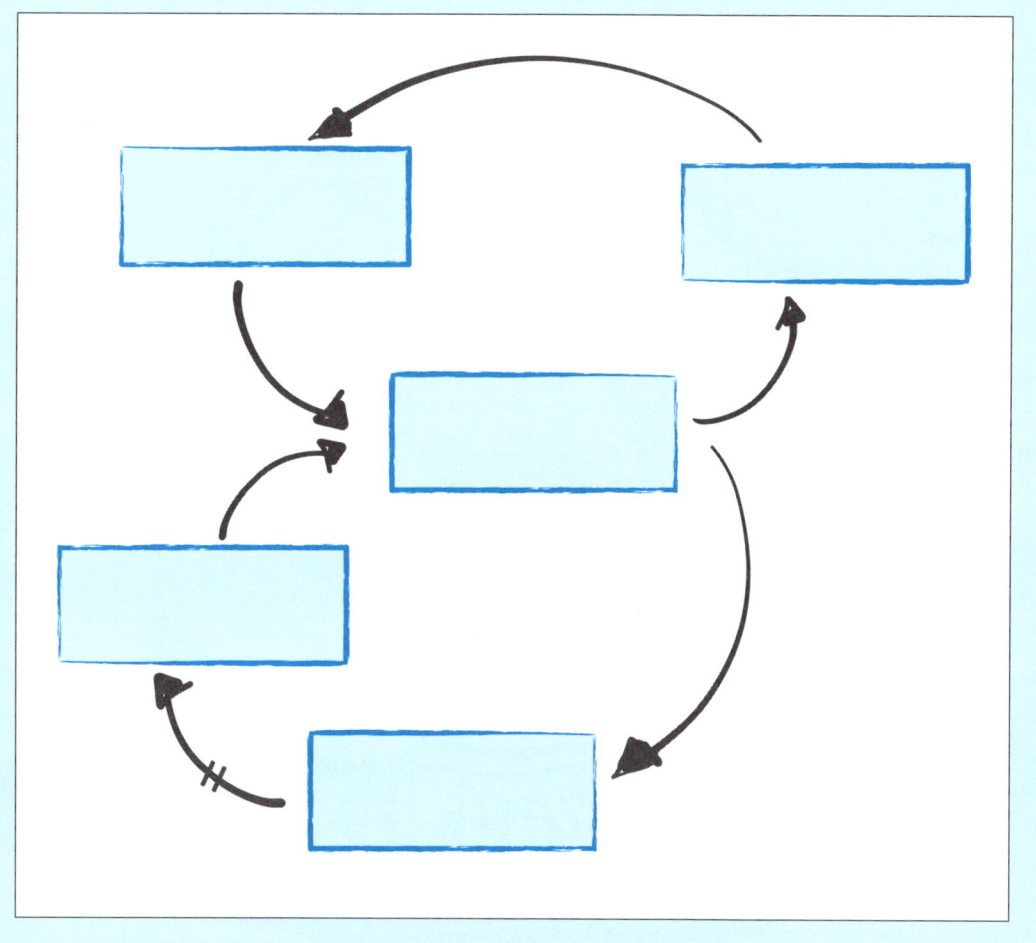

 # Was wäre, wenn ...

Vor allem die Unsicherheit zukünftiger Entwicklungen außerhalb des eigenen Einflussbereiches beziehungsweise der eigenen Organisation macht nicht nur die strategische Planung herausfordernd, sondern verunsichert mitunter eben auch alle Beteiligten. »Wieso sollen wir uns mit etwas beschäftigen, was wir nicht kennen und auch nicht beeinflussen können?«, wird dann gern gefragt. Nur ist Wegducken und Abwarten keine gute Strategie, vor allem wenn es darum geht, anpassungs- und handlungsfähig zu sein. Adaptive Organisationen arbeiten deshalb mit Szenarien. Sie entwerfen verschiedene Bilder der Zukunft und überlegen, wie sie auf diese Szenarien reagieren können und welche Implikationen für die jetzige Situation daraus entstehen. Es geht nicht darum, die Zukunft vorherzusagen, und auch nicht darum, völlig abzuheben. Szenarien weisen, anders als Utopien, einen klaren Bezug zum Hier und Jetzt auf.

In traditionellen Organisationen ist es üblich, mit Prognosen zu arbeiten und auf die wahrscheinlichsten oder weitreichendsten zu fokussieren. Damit wird jedoch immer versucht, eine eindeutige Antwort auf die Zukunftsfrage zu geben. Doch diese eine Antwort gibt es nicht. Zu einer Fragestellung existieren immer mehrere Szenarien, deshalb eröffnet diese Art der Zukunftsarbeit neue Perspektiven. Es geht um Bedeutung, nicht um Vollständigkeit. Szenarien …

- können ausbleiben,
- schaffen Handlungsoptionen,
- kreieren Geschichten zu einem Thema,
- geben Impulse auf vielen Ebenen – organisational, prozessual, fachlich, auf die Zusammenarbeit ausgerichtet,
- trainieren den zeitlich langfristigen Blick.

»UND ES WIRD AUCH NICHT BESSER«

Der Niederlassungsleiter eröffnet die zweitägige Konferenz, zu der er alle Mitarbeiter eingeladen hat. Es ist ihm wichtig, mit ihnen gemeinsam in eine neue Zukunft zu starten, denn gerade wurde aus zwei Standorten einer gemacht. Für viele Mitarbeiter hat das weitreichende Konsequenzen. Umzug, lange Anfahrtswege, neue Kollegen, andere Aufgaben. Es soll eine Zukunftskonferenz werden, nach der alle Kollegen zuversichtlich und gemeinsam nach vorne schauen. Der Leiter nimmt das Mikro und spricht: »Liebe Kollegen, die Baubranche, das wissen Sie alle, ist am Boden. Der Konkurrenzdruck steigt, die Margen schrumpfen, die Auftragslage ist schwierig. Und, machen wir uns nichts vor, das wird sich so schnell auch nicht wieder ändern.« Rums, die Stimmung ist schlagartig in den Keller gerutscht, im Raum herrscht absolute Stille. Und jetzt sollen alle über die Zukunft nachdenken? Eine denkbar schlechte Voraussetzung, wenn selbige gerade eben als unumstößlich tiefschwarz angekündigt wurde.

Was aber wäre, wenn der Niederlassungsleiter unrecht hätte? Was wäre, wenn es ganz andere Zukunftsvarianten gäbe? Was wäre, wenn wir nicht nur »Produkt der Umstände« wären? Was wäre, wenn wir selbst gestalten würden? Was wäre, wenn …?

Szenario	Prognose
Geht davon aus, dass die Zukunft nicht vorhersagbar ist.	Unterstellt, dass die Zukunft vorhersagbar ist.
Beschreibung von Eigenschaften möglicher Zukünfte.	Statistische Auswertung von Experteninput (z. B. Umsatzprognose).
Fokus auf Erfolgs- und Einflussfaktoren.	Unsicherheiten werden nicht intensiv beleuchtet.
Benötigt Bewertung und Übersetzung in relevante Faktoren.	Direkter Input in Entscheidungen.
Fördert die Betrachtung vieler Optionen und unterschiedlicher Entwicklungen.	Liefert eine limitierte Anzahl Optionen.

Szenarien legen Potenziale frei

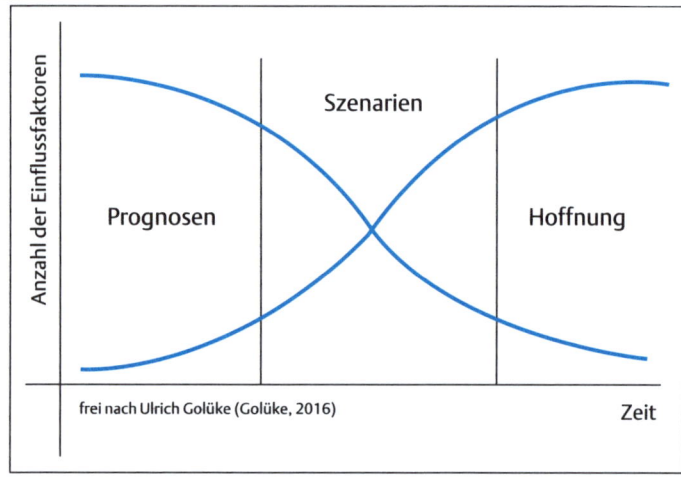

frei nach Ulrich Golüke (Golüke, 2016)

The Future, Backwards
(© Cognitive Edge, s. Glossar)

Diese Methode wurde als eine Alternative zum Szenario-Planning entwickelt. Grundsätzlich ermöglicht sie die Erarbeitung erweiterter Perspektiven auf die Vergangenheit und die Zukunft. Sie kann genutzt werden, um die zugrunde liegenden Muster der Vergangenheit zu entschlüsseln. Ich persönlich setze sie ein, um mit Gruppen Gegenwarts- und Zukunftsbilder zu generieren, zu vergleichen und zu thematisieren.

Material: selbstklebende Haftnotizen, sechseckig, in sechs verschiedenen Farben (sog. Hexis)

- Aktuelle Situation (AS)
- Pfad rückwärts von der AS
- Himmel
- Hölle
- Pfad rückwärts vom Himmel
- Pfad rückwärts von der Hölle

Vorbereitung:

- Aufteilung der Gruppen
- Teams müssen so arbeiten, dass sie die Arbeit der jeweils anderen nicht schon sehen können
- Flipchart-Papier (zwei bis drei Streifen) an je einer Wand für maximal zehn Personen
- Festlegung der Hexi-Farben
- Stifte und Hexis

Grundregeln:

- Es gibt keine richtigen oder falschen Antworten
- Seien Sie so kreativ und extrem, wie Sie können, um sich die Zukunft auszumalen; reale Restriktionen gelten hier nicht
- Betrachten Sie alle Dimensionen (Verhalten, Prozesse, Charaktere, Events, Zeitungen, Fotos, Videos – alles, was hilft, die Zukunft zu beschreiben)
- Kanalisieren Sie die Diskussion nicht über eine Person – jeder nimmt teil
- Diskutieren Sie Perspektiven und Aspekte, während Sie schreiben – keine Stille
- Schauen Sie sich nicht an, was die anderen Gruppen erarbeiten
- Kein Zeitlimit

Aufgabe:

Beschreiben Sie die aktuelle Situation (AS).

Jede Gruppe wird gebeten, die Begriffe zu identifizieren, die die aktuelle Situation für sie zusammenfassend beschreiben. Für jeden Begriff wird ein Hexi verwendet. Das entstehende Cluster (6 – 7 Hexis) wird auf dem Flipchart-Bogen zentriert angebracht.

Anmerkung:

Ein Aspekt / Begriff pro Hexi

Aufgabe:

Identifizieren Sie nun wesentliche Schlüsselereignisse (rückwärts).

Jede Gruppe identifiziert nun *ein* wesentliches Ereignis in der unmittelbaren Vergangenheit, das zur AS geführt hat.
Das Hexi wird links vom AS-Cluster angebracht.

Ist das *eine* Schlüsselereignis gefunden, identifiziert die Gruppe so viele wesentliche Ereignisse und Situationen, wie sie finden kann. So werden die Ereignisse eines nach dem anderen identifiziert und man gelangt weiter zurück in die Vergangenheit.

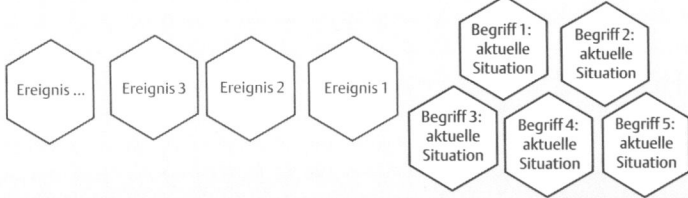

Anmerkung:

Wesentliche Ereignisse können Verabredungen, Übernahmen, Regeln oder Statements sein.
Zeitstempel können ebenfalls genutzt werden. Es geht dabei nicht um Chronologie.

Aufgabe:

Beschreiben Sie den extremen Himmel.

Jede Gruppe stellt sich nun eine unmöglich gute Zukunft vor (Himmel) und beschreibt die Bedingungen / Erfahrungen des Himmels auf Hexis. Dieses Cluster wird in der oberen rechten Hälfte des Papiers positioniert.

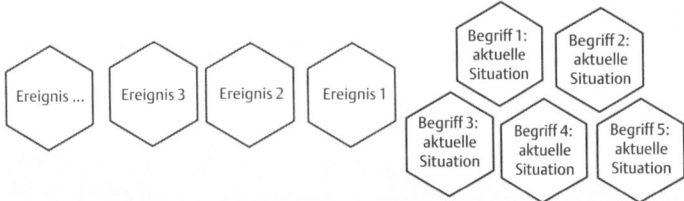

Anmerkung:

»Spinnen« Sie!

Aufgabe:

Beschreiben Sie die extreme Hölle.

Jede Gruppe stellt sich nun die unmöglich schlechte Zukunft vor (Hölle). Die Ergebnisse werden in der unteren rechten Hälfte auf dem Papier festgehalten.

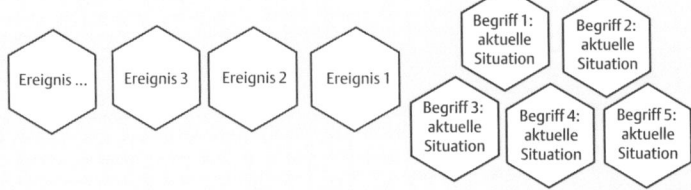

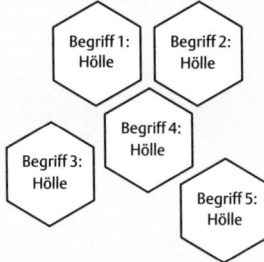

Anmerkung:

»Spinnen« Sie!

Aufgabe:

Erarbeiten Sie den Himmel (rückwärts).

Jede Gruppe wird nun gebeten, den Himmel möglich zu machen. Sie werden aufgefordert, denselben Weg zu erarbeiten wie bei der AS. Startpunkt ist ein unmittelbar vorangegangenes Ereignis direkt vor Himmel, und von da aus wird rückwärts gearbeitet, Aspekt für Aspekt. Der Pfad vom Himmel stößt meist auf ein Ereignis in der Vergangenheit. Er führt nicht zur AS.

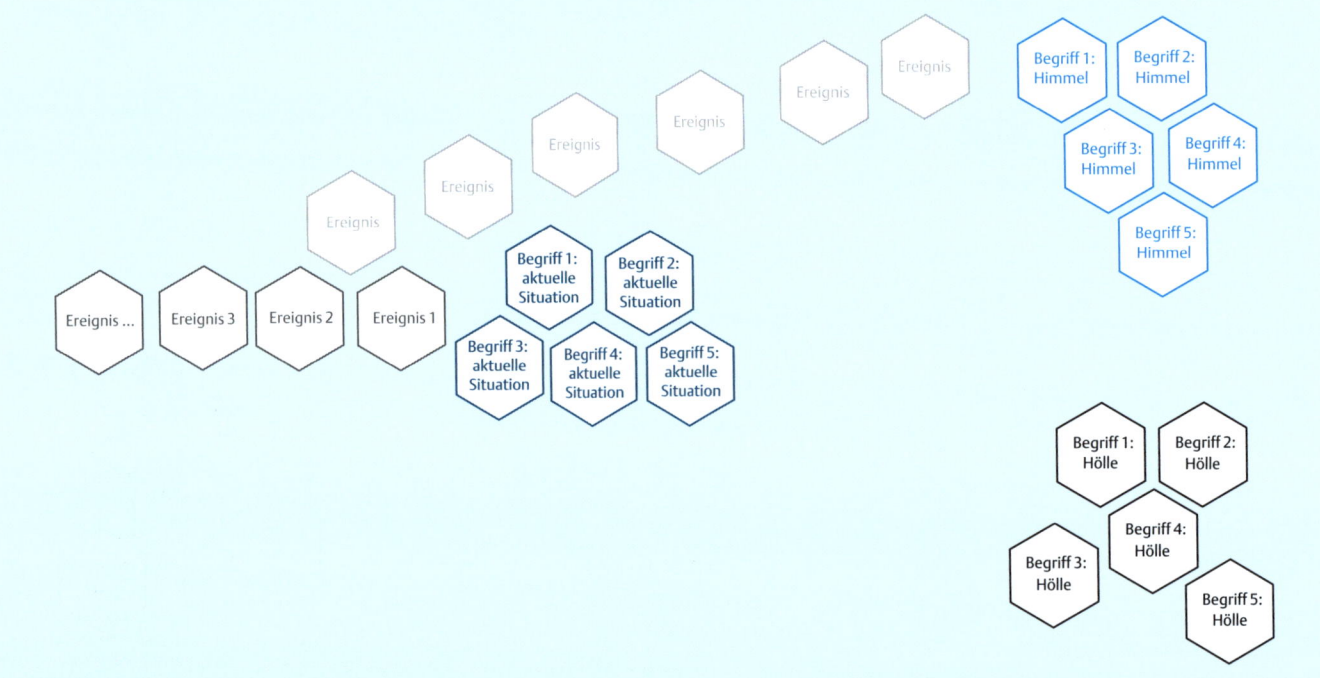

Anmerkung:

Es ist erlaubt, dass die Gruppe ein vollständig unerwartetes Ereignis im Rückwärtspfad des Himmels hat.

Es darf auf keinen Fall vorwärts gearbeitet werden.

Aufgabe:

Erarbeiten Sie die Hölle (rückwärts).

Der Prozess wird für die Hölle wiederholt. Der Pfad kann zu einem anderen Ereignis in der Vergangenheit führen. Eventuell finden sich zwei entscheidende Indikatoren, die einen kritischen Punkt für den Himmelspfad beziehungsweise den Höllenpfad darstellen.

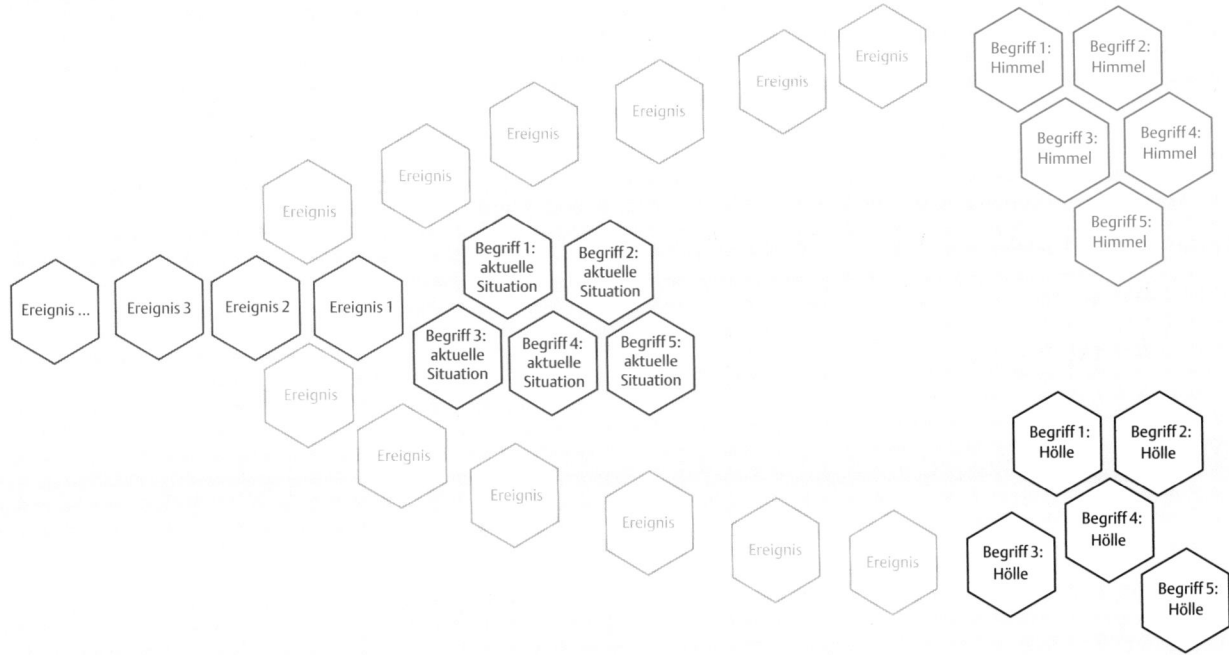

Anmerkung:

Aus Zeitgründen kann dieser Schritt auch parallel zum vorherigen laufen.

Aufgabe:

Vergleichen Sie nun die Ergebnisse.

Jede Gruppe bestimmt jetzt einen Sprecher, der bei der eigenen Arbeit bleibt, während die anderen »auf Reisen« gehen. Die Ergebnisse sollten in Kürze vorgestellt werden, besondere Ereignisse und Einschnitte dabei hervorgehoben werden.

Fragen:
- Was sind die Gemeinsamkeiten und Unterschiede zwischen eurem Bild und dem der anderen?
- Was hat euch an den Ergebnissen der anderen am meisten überrascht?
- Welche Konsequenzen zieht ihr daraus?

Anmerkung:

Gleiche Aspekte in der Vergangenheit bestimmen die Sichtweise auf die Zukunft.

Gibt es große Unterschiede in der AS-Beschreibung, ist die Gruppe nicht auf einer Linie.

Himmel- und Hölle-Optionen können Faktoren der Motivation / Demotivation aufzeigen.

Sichern Sie die Ergebnisse.

Entscheidet euch

HEIRATEN ODER NICHT HEIRATEN?

Charles Darwin hat sich für vieles interessieren und erwärmen können. Die Damenwelt gehörte nicht dazu, bis er 1839 die Reize seiner Cousine Emma Wedgwood entdeckte. Darwin steht vor einer Entscheidung und er geht sie in der für ihn typisch gründlichen und methodischen Art an. Es ist die Wahl zwischen heiraten und nicht heiraten, die er zu treffen hat, und dafür betrachtet er die möglichen Konsequenzen.

Heiraten bedeutet:

- Ständige Gefährtin und Freundin im Alter
- Jemand, der sich für einen interessiert
- Jemand zum Liebhaben (besser als ein Hund)
- Eigenes Heim und jemand, der den Haushalt führt
- Verwandte besuchen, eine schreckliche Zeitverschwendung

Nicht heiraten bedeutet:

- Keine Kinder, also kein zweites Leben
- Niemand, der sich im Alter um einen kümmert
- Freiheit, dahin zu gehen, wohin man möchte
- Gespräche mit klugen Männern in Klubs
- Kein Zwang zu Verwandtenbesuchen
- Keine Kosten und Sorgen um Kinder
- Kein Streit
- Man wird faul und fett und die Angst vor Verantwortung kommt auf

Darwins Fazit: Mein Gott, es ist unerträglich, sich vorzustellen, dass man sein Leben als geschlechtslose Arbeitsbiene verbringt. Stell dir vor, den ganzen Tag allein in einem schmutzigen Haus. Mal dir dagegen aus, wie es ist mit einer netten Frau auf einem Sofa. Also: Heirate, heirate, heirate. Q.e.d. – quod erat demonstrandum.

Darwin suchte nach Gründen für und gegen das Heiraten. Wir wissen nicht, wie er dann tatsächlich zu seiner Entscheidung kam, aber er stand vor einer Herausforderung, mit der wir heute mehr denn je konfrontiert sind: Entscheiden unter Unsicherheit. Kommt Ihnen bekannt vor?

Darwin hat sich entschieden. Das, was ich heute in vielen Organisationen erlebe, ist Nicht-Entscheiden. Viele Abteilungen und Teams leiden an Entscheidungsstarre, weil sie glauben, erst noch mehr Daten erheben zu müssen, auf die anderen warten zu sollen, zunächst noch etwas anderes erledigen zu müssen, oder, oder, oder. Die Liste der Vorwände ist lang und die Entscheidung wird noch einmal vertagt. Ist der Zeitdruck dann hoch genug, wird »mal eben« entschieden. Dann soll die Entscheidung aber bitte Bestand haben und endgültig sein. Das ist der »alte« Blick auf Entscheidungsfindung. Gespeist aus der Idee, die Zukunft ließe sich linear aus der Vergangenheit ableiten und es gehe nur darum, ein paar Risiken zu berücksichtigen. In komplexen Zeiten braucht es ein anderes Verständnis: Jede Entscheidung wird im Hier und Jetzt getroffen und ist in diesem Kontext passend. Morgen kann sie überholt sein und muss eventuell korrigiert oder revidiert werden. Es ist viel mehr eine Frage der Haltung als der Techniken (auch wenn die wissenschaftliche Auseinandersetzung mit Entscheidungsverfahren & Co. spannend ist).

Wer entscheidet, wenn es turbulent wird?
Adaptive Organisationen sind auch flexibel im Hinblick auf die Entscheidungsmacht, vor allem sobald eine akute Krise entsteht. Liegt im Normalfall die Entscheidungsmacht in der Linie (über die Hierarchie geregelt), so wandert sie im Akutfall dorthin, wo die entsprechende Fachkompetenz vorhanden ist. Die Macht, Entscheidungen zu treffen, ist innerhalb der Organisation beweglich. Das Motto: Die Lösung liegt im System.

Wie treffen wir Entscheidungen? Keine Ahnung!

In meinen Workshops zu Komplexität und Selbstorganisation gibt es immer wieder Aufgaben, die das Team interaktiv löst. Sie dienen der Reflexion der Zusammenarbeit, dem Entdecken von Kommunikationsmustern und dem Bewusstmachen eigener Vorannahmen. Allem voran aber zeigen sie eines so gut wie immer: Geben Sie einer Gruppe eine Aufgabe und die Menschen fangen an zu wirbeln. Das ist doch gut, zu viel Planung bringt ja auch nichts, mögen Sie denken. Stimmt, nur bleibt ein ganz wichtiger Aspekt ebenfalls unberücksichtigt. Es wird kein Wort darüber verloren, wie Entscheidungen getroffen werden. Und ob überhaupt. Das ist übrigens nicht nur in Workshops der Fall, es lässt sich in vielen Projekten, Abteilungen und Teams beobachten.

Es geht immer ganz schnell um das *Was*, das *Wie* bleibt weitestgehend unbeachtet. Keine Entscheidung ist dann meistens die Konsequenz. Auch wenn die Aufgabenstellung ganz klar vorsieht, dass das Team nach zwei Minuten eine gemeinsame Entscheidung gefällt haben muss, fokussieren die Menschen auf die Ausführung und vergessen anscheinend darüber, dass sie eine Entscheidung zu treffen haben. Gibt es dann Zeitdruck, findet sich jemand, der eine Ansage macht. Von einer Teamentscheidung ist das weit entfernt. In der Reflexionsrunde darauf angesprochen, geben die Teilnehmer meist zu, dass sie nicht geklärt haben, wie sie Entscheidungen treffen. Bei der Frage nach dem tatsächlichen Entscheidungsmechanismus wird ganz selbstverständlich die Strategie »Einer hat halt eine Ansage gemacht und die anderen haben mitgemacht« als gut, wirksam und sinnvoll vorgestellt. Die alte Idee von »Einer sagt, wo es langgeht« sitzt immer noch tief.

Viele Manager und Führungskräfte sind nach wie vor der Überzeugung, dass sie allein alle relevanten Entscheidungen zu treffen haben. Das streichelt das Ego und erzeugt Stress gleichermaßen. Mittlerweile bestreitet kaum noch jemand, dass in komplexen Kontexten die kollektive Entscheidung meist bessere Ergebnisse hervorbringt als die Einsame-Wolf-Variante. Es geht schließlich nicht mehr nur um Wissen, sondern um Erfahrungen, Intuition und Können.

»Die größte Entscheidung deines Lebens liegt darin, dass du dein Leben ändern kannst, indem du deine Geisteshaltung änderst.« ALBERT SCHWEITZER

Entscheide dich

Betrachten Sie eine Entscheidung, die Sie gerade treffen müssen oder die nicht lange zurückliegt.

Welche Wirkung kann Ihre Entscheidung haben?
Auf Sie, andere Menschen, Bereiche, Teams etc.?

_____

_____

Welche Auswirkungen hat Ihre Entscheidung in zehn Tagen?

_____

Welche Auswirkungen hat Ihre Entscheidung in zehn Monaten?

_____

Welche Auswirkungen hat Ihre Entscheidung in zehn Jahren?

_____

Gute Entscheidung, schlechte Entscheidung

Wir agieren, auch als Entscheidungsträger, in einem System. Deshalb bleiben auch die Entscheidungen, die wir treffen, im Rahmen. Denn wir bewegen uns in den Normen und Werten der entsprechenden Organisation. Das, was hier als »default« angesehen wird, hat einen enormen Einfluss auf unsere Entscheidungen. »Das haben wir schon immer so gemacht« hält Menschen davon ab, Neues zu probieren und die damit verbundene Unsicherheit auszuhalten. Und wenn wir gar nicht wissen, was zu tun ist, sind Vorschläge à la »schon immer so« sehr willkommen. Wir nehmen sie gerne an, denn das stellt ein Mindestmaß an vermeintlicher Sicherheit her.

Dass Menschen wesentlich irrationaler entscheiden und handeln, als ihnen lieb ist, hat der Wissenschaftler Dan Ariely unter anderem in seinem Buch *Denken hilft zwar, nützt aber nichts* erläutert. Ariely macht deutlich, dass wir nicht nur der Systemherde (»Das haben wir schon immer so gemacht«) folgen, sondern auch uns selbst (»Das habe ich schon immer so gemacht«). Wir treffen Entscheidungen auf der Basis vergangener Entscheidungen. Wir bleiben gerne im gleichen Muster und orientieren uns am Bekannten. Auch die Wirkung der sogenannten »Alternativen-Entscheidung« findet sich in Verhandlungssituationen und Projektbesprechungen zigfach wieder. »Sie machen jetzt die Lösung XY, sonst ist das Projekt tot«, heißt es, und schon wird schnell eine Lösung ausgesucht, auch wenn »tot« gar keine Option ist, sondern nur ein Totschlagargument. Alternativen, die keine sind, bringen uns dazu, Entscheidungen zu fällen, auch wenn die Basis nicht stimmt. Es gibt so einige Denkfallen, in die wir unbewusst immer wieder tappen, wenn wir entscheiden. Wenn

Sie das Buch von Ariely zu Ende gelesen haben, entscheiden Sie aufmerksamer.

Ein wesentlicher Knackpunkt beim Entscheiden liegt in der Berücksichtigung des zeitlichen Horizontes. Ereignisgetrieben, wie wir üblicherweise sind, werden die Konsequenzen der möglichen Alternativen und der Entscheidung selbst nur für den Moment betrachtet. Das Augenmerk sollte jedoch auf zeitlichen Verzögerungen und »Um-die-Ecke-Auswirkungen« liegen.

Wer aufsteht, trifft bessere Entscheidungen!
Frank Fischer, Professor an der Universität München (Fakultät für Psychologie und Pädagogik), hat in seinen Untersuchungen festgestellt, dass Menschen, die öfter aufstehen, 24 % mehr Ideen haben und in 25 % der Fälle bessere Entscheidungen treffen als Sitzende.

Einer für alle oder alle für alle?

Gruppenentscheidungen sind nicht nur modern, sondern absolut sinnvoll in komplexen Kontexten. Völlig klar, dass nicht ausnahmslos alles in der Gruppe diskutiert und entschieden werden muss. Ich unterstelle hier, dass Sie sehr wohl zu unterscheiden wissen zwischen Restriktionen (Entscheidungen werden von außen über Vorgaben, Verpflichtungen etc. vorgegeben), Führungsentscheidungen (ergeben sich aus der Umsetzung der formellen Hierarchie, sind zu hinterfragen) und den Entscheidungsräumen, die im Team zu füllen sind. Konsens ist das üblichste Entscheidungsverfahren zurzeit, sollte aber nicht als Allheilmittel für jedes Team verstanden werden. Auch bei der Wahl der Entscheidungsverfahren sollten die Beteiligten sich fragen, was für sie passt und Sinn ergibt. Ein Verfahren, das nicht passt, sollte wieder abgelegt werden. Wichtig ist vor allem, den Diskurs über das Wie-entscheiden-wir zu beginnen.

Bei aller Begeisterung für Gruppenentscheidungen: Auch hier lauern einige Fallen. Weiterhin bewegen wir uns in einem System – mit etablierten Normen und Spielregeln. Das führt in Diskussionen leicht dazu, dass Teams nur bereits bekannte Informationen erörtern. Die Vormeinung soll bestätigt werden, es werden mehr präferenzkonsistente Informationen miteinander geteilt als Informationen, die nicht allen bereits bekannt sind. Niemand möchte der Störenfried mit den neuen Informationen sein, die den Prozess möglicherweise verlangsamen. Auf die Qualität der Entscheidung kann das jedoch schnell negative Wirkung haben. Groupthink (s. Glossar) ist das psychologische Phänomen, auf das es in langfristig zusammenarbeitenden Teams besonders zu achten gilt. Das große Wirgefühl im Team sorgt auf Dauer dafür, dass wenig hinterfragt und die Harmonie in der Gruppe wichtiger wird als das Treffen einer Entscheidung.

Leiden Sie unter Gruppenkuscheln?

Reflektieren Sie im Team die folgenden Aussagen für sich:

- Sie suchen kaum nach Alternativen.
- Fakten werden nicht ausreichend verifiziert.
- Risiken, die durch die Entscheidung entstehen, werden nicht beleuchtet.
- Die Informationssuche geht in Richtung der bereits gefassten Meinung.
- Nach neuen oder anderen Informationen wird kaum gesucht.
- Konkrete Handlungspläne werden nicht verabredet oder umgesetzt.

Tipps für den erfolgreichen Gruppenentscheid:

- Setzen Sie einen Zeitrahmen.
- Verabreden Sie notwendige Regeln.
- Verabreden Sie das Entscheidungsverfahren.
- Achten Sie darauf, dass alle sich beteiligen.
- Sinn und Zweck der Entscheidung sind klar.
- Klären Sie die Umsetzung konkret (Feedback, Kontrolle).

Egal, ob Allein- oder Gruppenentscheidung, suchen Sie nicht nach der einen perfekten Lösung, die es bekanntermaßen in komplexen Situationen nicht gibt. Suchen Sie nach der zu diesem Zeitpunkt passendsten Handlungsalternative.

Systemisches Konsensieren

Der Ansatz des systemischen Konsensierens fragt nicht nach der größten Zustimmung, sondern nach Einwänden und Widerstand. Es wird das entschieden, was die geringste Ablehnung erzeugt, womit dieser eben auch Raum gegeben wird. Unterstellt ist hierbei, dass es (fast immer) Widerstände und Ablehnung gibt, die mit den üblichen Zustimmungsverfahren nicht abgefragt werden und so oft zu halb garen Lösungen führen. Die Vorgehensweise ist einfach und stringent:

- Was ist zu entscheiden?
  Erarbeiten Sie gemeinsam die übergeordnete Fragestellung zu Ihrer Entscheidung.
  Um viele Alternativen zu erarbeiten, formulieren Sie die Frage offen, sodass sie nicht einfach mit Ja oder Nein zu beantworten ist.

- Welche Alternativen gibt es?
  Sammeln Sie Lösungsvorschläge, umfassend und kreativ. Die gefundenen Alternativen werden gleichberechtigt behandelt und zum jetzigen Zeitpunkt weder kommentiert noch bewertet.

- »Von 0 bis 10«
  Im nächsten Schritt werden nun alle Alternativen bewertet. Dazu vergeben die Teilnehmer Widerstandspunkte. Null Punkte bedeuten »Kein Widerstand, die Lösung trage ich mit«, zehn Punkte entsprechend »Größter Widerstand, die Lösung lehne ich ab«.

- »And the winner is …«
  Die Lösung mit den wenigsten Widerstandspunkten löst die geringste Ablehnung aus und ist einem Konsens sehr nahe. Sie wird ausgewählt.

Diese Methode lässt sich auch im Schnellverfahren für Ja / Nein-Entscheidungen nutzen. Es wird nach Widerstand gefragt; wenn sich niemand meldet, gilt dies als Zustimmung.

11

Feedback – und zwar divers

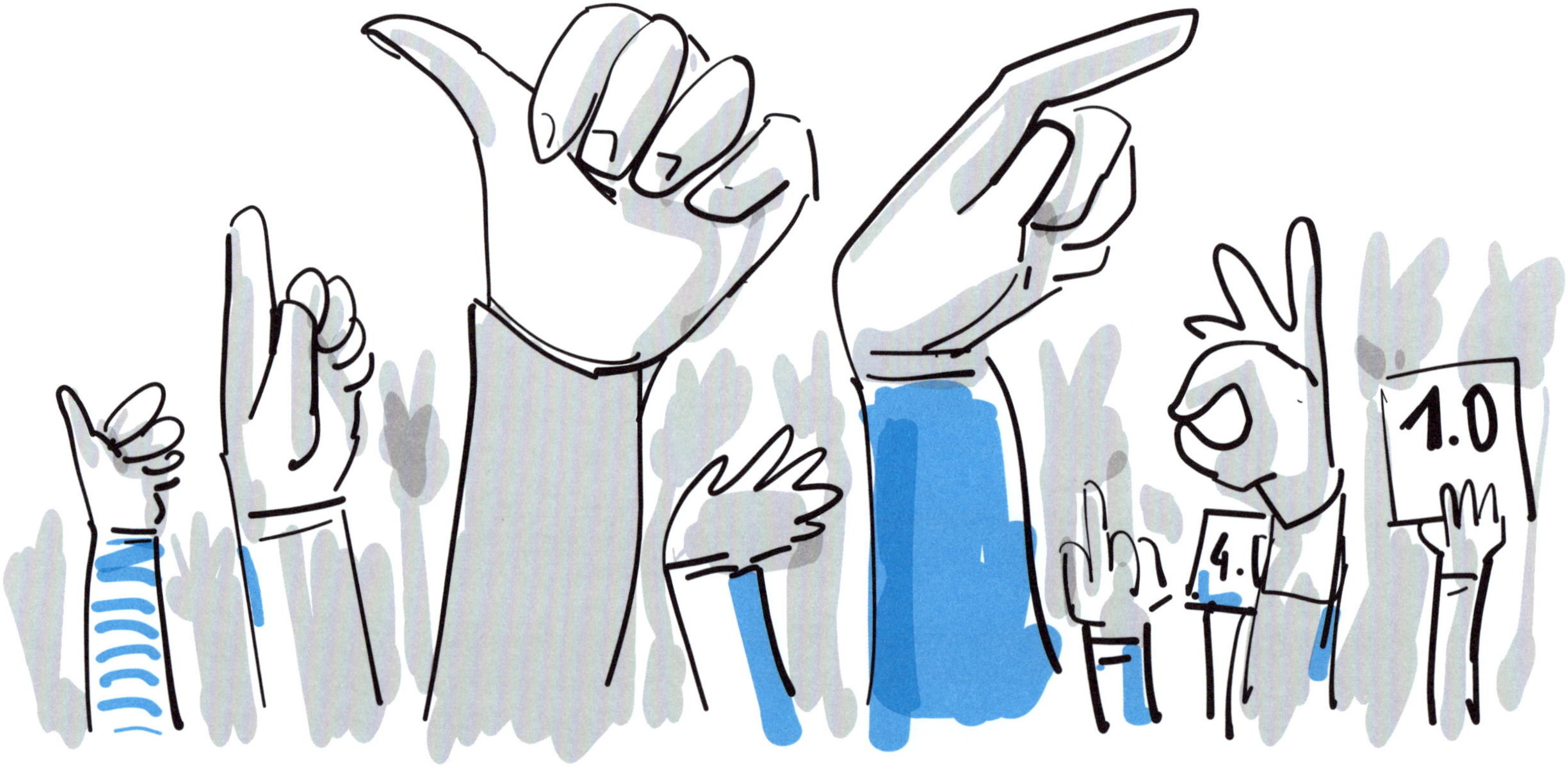

Dass Feedback im alltäglichen Gebrauch anders belegt ist als im systemtheoretischen Sinne, wurde im Kapitel »Verstehen kommt vor verändern« schon besprochen. Die in vielen Feedbackrunden ausgetauschten Informationen und Meinungen führen mehr zufällig zu Veränderungen in Verhalten oder Denken. Das liegt zum großen Teil an der gewollten Unverbindlichkeit dieser Gespräche, die sich durch die weitverbreitete Weichspülung der Begriffe manifestiert hat. Das muss aber nicht so sein. Es bedarf jedoch klarer Verabredungen, um Feedback auch im zwischenmenschlichen Umgang zu echter Rückkopplung zu machen. Dass Rückkopplung notwendig ist, steht wohl außer Zweifel. Wie sonst sollen Ideen geschliffen, Strategien verfeinert, Konzepte verbessert und Zusammenarbeit erfolgreich gestaltet werden? Eine Sprache mit rosa Schleifchen ist dabei nicht hilfreich, im Gegenteil, sie weicht auf und macht aus einem Feedback im schlimmsten Fall einen Wunsch. Und passieren wird dann meist nichts. Klartext ist gefragt, ohne Schminke und Hintertürchen. Selbstverständlich ist das nicht gleichbedeutend mit verletzendem, respektlosem Umgang. Deshalb braucht es die Verabredung auf diese Art der Kommunikation, damit keine Irritation bei den Teilnehmenden entsteht.

»Solange man selbst redet, erfährt man nichts.«
MARIE VON EBNER-ESCHENBACH

Rückmeldung so zu geben, dass der Empfänger Lust hat, sich konstruktiv mit dem Gehörten auseinanderzusetzen, will gelernt sein. Negatives Feedback ist immer schmerzlich und auch das muss der Feedbackgeber aushalten. Bezieht sich das Feedback auf den sachlichen Kontext, kann und sollte es dazu führen, dass der Betreffende die Offenheit entwickelt,

VERKAPPTER APPELL, ZUR KRITIK MISSBRAUCHT

»Im kommenden Monat stehen die jährlichen Feedbackgespräche mit meinen Mitarbeitern an. Das kostet mich jetzt schon schlaflose Nächte und unglaublich viel Vorbereitung. Am Ende, fürchte ich, verhallt meine Rückmeldung zum größten Teil und nichts ändert sich. Kritik üben ist auch einfach nicht mein Ding.« So beginnt die Coachingsitzung mit einer erfahrenen Führungskraft. Er ist nicht der Erste und erst recht nicht der Einzige, dem es mit Feedback so geht. Der Druck ist ja auch entsprechend groß. Die eigens vom Personalbereich entwickelten Formulare müssen vollständig ausgefüllt und der Gesprächsleitfaden muss befolgt werden. Kritik ist ein, wenn nicht sogar der wesentliche Bestandteil des Gespräches. Außerdem hat jede Führungskraft im Laufe der diversen Qualifizierungsmaßnahmen sicher einige Kommunikationsseminare besucht und »gelernt«, wie das mit dem Feedback zu laufen hat. Kritik äußern ist mittlerweile zur heiligen Kuh der Kommunikation stilisiert und wird mit großer Ehrfurcht betrachtet. Es braucht schließlich psychologisches Hintergrundwissen, Mechanismen zur Abwehr von unfairem Feedback, Regeln für das Geben und Nehmen, Wissen um Wahrnehmungsfilter, Sachlichkeit bei emotionalen Themen, die Fähigkeit, ohne Übertreibung auch zu loben, und so weiter. Dazu wird jede Führungskraft in diesen Trainings mit Methoden, Tipps und Formulierungen ausgestattet, die es möglichst einzuhalten gilt. Und am Ende sitzen sich (meist) zwei Menschen gegenüber, von denen der eine durch einen ganzen Blumenstrauß sagt, was ihm am Verhalten des anderen nicht gefällt. Der andere bedankt sich daraufhin artig für das Geschenk und nimmt es mit, denn Feedback nimmt man an und zerredet es nicht. Viel Tamtam, viel Stress, viel Energie für einen dürftigen Effekt.

sich damit auseinanderzusetzen. Das bedeutet aber auch, dass das Feedback nicht einfach wortlos hingenommen werden muss, sondern dass sich daraus eine produktive Kontroverse entwickeln kann.

Mono- oder Mischkultur

Um die ritualisierte Kontroverse zu einem Erfolg zu machen, braucht es verschiedene Sichtweisen, Ideen und Meinungen. Sind alle Beteiligten gleichgesinnt, werden sich wahrscheinlich keine lautstarken, diskussionsfreudigen Iterationen ergeben. Das gilt selbstverständlich über Feedback hinaus für Teams und Organisationen im Allgemeinen. Es ist die Vielfalt an Kompetenzen, Fähigkeiten, Gedanken und Blickrichtungen, die ein Mehr an Möglichkeiten erzeugt. Es ist aber auch der anstrengende Teil von Zusammenarbeit.

Auf den ersten Blick scheint es bequem und einfach, wenn sich Teams aus Gleichgesinnten zusammensetzen. Absprachen sind klar, Verständigung geht schnell, Standards sind gesetzt. Es kann zielgerichtet gearbeitet werden. Solche Teams und auch Organisationen sind nicht adaptiv und ein »accident waiting to happen«. Sie sind verletzlich, denn eine Monokultur kann sich nur selbst reproduzieren. Das ist kein Erfolgsrezept in einer komplexen dynamischen Welt. Der Blick nach innen zeigt in monokulturellen Organisationen nur einen Typ Mitarbeiter. Es gibt für alles ein Richtig und ein Falsch: Kleidung, Rededauer, Urlaub, Ideenentwicklung, Umgang mit Fehlern, Benehmen und so weiter. Neben der mangelnden Flexibilität leiden solche Organisationen und ihre Teams unter Potenzialverschwendung und Chancenliegenlassen. Das Gegenmittel lautet Diversität. Das Zulassen von Unterschieden und anderen Denkweisen eröffnet den Raum für mehr Problemlösungsstrategien und -kompetenzen.

Diversität muss gar nicht mal künstlich hergestellt werden. Sie ist in jeder Gruppe von Menschen vorhanden. Das gilt auch in Bezug auf Leistung beziehungsweise den Beitrag des Einzelnen. Es kommt vor, dass in einem Team immer nur der eine Ideen produziert oder die eine sich für Ressourcen stark macht. Findet keine Gegenleistung dafür statt, entsteht ein Problem. Und spätestens dann ist offensichtlich, dass Menschen verschieden wichtig, aktiv, mächtig, kompetent oder auch beliebt sind. Es entsteht Dynamik in der Gruppe und mit ihr gilt es zu arbeiten, und zwar ständig und immer wieder. Die Balance zu finden zwischen Ungleichheit und Gleichheit, ist fortlaufende Aufgabe eines jeden Teams.

Herbert Pietschmann formuliert in seinem Buch *Die Atomisierung der Gesellschaft* dazu zwei Maximen, die gleichzeitig gelebt werden müssen:

- Unterscheide, ohne zu trennen.
- Vereine, ohne zu egalisieren.

In Teams lässt sich oft beobachten, dass die Menschen nach der einen oder der anderen Maxime agieren. Die Unterscheider kämpfen gegen das Egalisieren, während die »Vereiner« gegen das Trennen arbeiten und so ins Egalisieren kommen. Es entsteht ein Kampf zwischen zwei Lagern, ein Entweder-oder. Dabei ist das Sowohl-als-auch notwendig, ein gemeinsames Verständnis und ein dauerndes Aushandeln von Differenzen.

Ritualisierte Kontroverse

(© Cognitive Edge)

»Ritual Dissent«, wie die Intervention im Original heißt, eignet sich zur Verbesserung von Konzepten, Strategien und Ideen. In mehreren aufeinanderfolgenden Iterationen werden Kommentare rückgekoppelt und fließen direkt, ohne zeitliche Verzögerung in die Arbeit ein. Geeignet ist die ritualisierte Kontroverse besonders für Workshops mit mehreren Gruppen, sie wird aber auch für Einzelgruppen erfolgreich eingesetzt.

Vorbereitung

Arbeiten Sie in einem Workshop am besten mit neun bis zwölf Personen, die Sie in drei Gruppen einteilen. Für jede Gruppe steht ein runder Tisch zur Verfügung. Stellen Sie sicher, dass zwischen den Tischen etwas Platz ist, denn es wird laut werden im Laufe der Iterationen. Üblicherweise haben die Teilnehmer bereits an einer Idee oder einer Problemlösung gearbeitet, bevor Sie diese Intervention starten. Es gibt daher meist bereits erste Ideen, die es nun zu »strapazieren« und verbessern gilt.

Ablauf

1. Jede Gruppe benennt einen Sprecher. Die benannte Person sollte eher robust als zart besaitet sein, um die Rückmeldungen gelassen aufnehmen zu können. Die Gruppe bekommt fünf Minuten Zeit, um die Präsentation ihrer Idee vorzubereiten.

2. Bitten Sie nach Ablauf der Vorbereitungszeit die jeweiligen Sprecher, aufzustehen und im Uhrzeigersinn den Tisch zu wechseln.

3. Die Sprecher präsentieren für drei Minuten die Idee der Gruppe am Tisch. Die hört einfach zu und unterbricht den Sprecher nicht. Nach Ablauf der Zeit dreht der Sprecher sich mit seinem Stuhl um und sitzt nun mit dem Rücken zur Gruppe.

4. Die Gruppe hat nun die Aufgabe, die Idee mit voller Kraft zu »zerfetzen«. Achten Sie darauf, dass nur über die Idee, nicht über den Sprecher als Person geredet wird. Es darf kreuz und quer geredet werden und auch absurde Rückmeldungen sind willkommen. Der Sprecher hört einfach zu und macht sich Notizen. Auch in dieser Phase findet kein Dialog statt.

5. Nachdem die Gruppe signalisiert, dass sie alles formuliert hat, geht der Sprecher zu seinem Tisch zurück. Er informiert seine Gruppenkollegen über die Rückmeldungen und die Idee wird überarbeitet.

6. Der Prozess beginnt von vorn, sobald die Idee überarbeitet ist. Die Sprecher gehen dann gegen den Uhrzeiger zu einem anderen Tisch.

Es hat sich als sinnvoll erwiesen, drei Iterationen in diesem Setting durchzuführen. Sollte die Idee oder das Konzept, um das es geht, bereits nach zwei Iterationen »perfekt« sein, kann die Intervention beendet werden. Die Moderation sollte stringent sein, damit der Ablauf dem Ritual wirklich folgt und es nicht persönlich wird.

Die vereinenden Unterschiede

Reflektieren Sie gemeinsam im Team, wo Unterschiede und Gemeinsamkeiten liegen. Schaffen Sie so ein Bewusstsein für die Bedeutung von Diversität und die oft entstehende Gruppendynamik in diversen Teams. Nutzen Sie die folgenden Leitfragen für den Einstieg in den Diskurs:

- Was eint uns als Team?
- Wie werden wir von außen wahrgenommen?
- Was unterscheidet uns voneinander?
- Was unterscheidet uns als Team von anderen?
- Wie können wir unsere Unterschiedlichkeit nutzbar machen?
- Wie gehen wir mit entstehenden Konflikten um?

Fehler: Freund oder Feind?

> **WIE DIE IBM-LEGENDE THOMAS WATSON MIT FEHLERN UMGING**
>
> Einer Anekdote zufolge kämpfte ein IBM-Mitarbeiter seit Monaten in seinem Projekt, um es auf die Erfolgsspur zu setzen. Leider ohne Erfolg. Mehr als 500 000 Dollar Verlust hatte das Projekt eingefahren, und der Mitarbeiter war bereit, die Konsequenzen zu tragen. So schritt er in das Büro von Thomas Watson und erklärte mit zittriger Stimme: »Ich habe einen großen Fehler gemacht und gehe davon aus, dass Sie mich entlassen. Dem komme ich zuvor und reiche hiermit meine Kündigung ein.« Darauf gefasst, noch eine Predigt zu hören, staunte der Mann nicht schlecht, als Watson erwiderte: »Kündigen? Auf keinen Fall. Ich habe eben 500 000 Dollar in Ihre Weiterbildung investiert.«

»Keine Organisation kann so gut geleitet werden, so standardisiert sein, dass sie jede Kontingenz im Voraus berücksichtigt. Störungen treten nicht nur deshalb auf, weil schlechte Manager den Situationen so lange keine Beachtung schenken, bis sie Krisendimensionen annehmen, sondern weil auch gute Manager möglicherweise nicht alle Konsequenzen ihrer Handlungen antizipieren können.«
HENRY MINTZBERG

Was genau ist schiefgelaufen? Wer war das? Wie konnte das geschehen? Mit diesen Fragen beginnt sie oft, die Auseinandersetzung mit nicht erwünschten Ergebnissen. Fehler! Sofort denken wir an »menschliches Versagen« oder »Nachlässigkeit«. Fehler machen wir nicht gerne, erleben sie ungern und wollen erst recht nicht schuld sein. Das lernen wir von Kindesbeinen an in der Schule, der Ausbildung, im Berufsleben. Sind wir neu in einer Organisation, wird uns schnell erklärt, »was hier geht und was nicht«. Oberstes Prinzip: bestimmte Fehler vermeiden. Gleichzeitig findet seit einigen Jahren die öffentliche Diskussion um Fehlerkultur statt. In unzähligen Artikeln und Büchern wird zum Fehlermachen aufgefordert. Manch einer geht sogar so weit und behauptet, dass Innovation nur aus Fehlern entstehen könne.

Fehlervermeiden auf der einen und Fehlermachen auf der anderen Seite: Das sorgt für Ambivalenz und Verunsicherung. Denn Fehler tolerieren und konstruktiv damit umgehen, gelingt nur in Kulturen, die eine Basis dafür haben. Soll heißen, ohne das passende mentale Modell gelingt die moderne Fehlerkultur nicht und sorgt für mehr Stress bei den Menschen. Was aber ist ein passendes Denkmodell? Fehlerfreundlichkeit (s. Glossar). Fehlerfreundliche Organisationen beschäftigen sich intensiv mit Abweichungen, nicht erwünschten Ergebnissen und Überraschungen, die Komplexität ja immer bereithält. Sie akzeptieren das Ungewisse und agieren nach dem Motto »Irgendwas ist immer«. Konstruktiv mit Fehlern umzugehen, ist essenziell für Adaptivität und Anpassungsfähigkeit in der dynamischen Welt. Menschen wie auch Organisationen lernen nichts aus Fehlern, solange sie verteufelt oder ignoriert werden.

Zutaten für Fehlerfreundlichkeit

Nach Christine und Ernst Ulrich von Weizsäcker (1984) besteht Fehlerfreundlichkeit aus Redundanz, Vielfalt und Barrieren. Diese drei Zutaten sind nötig, um lebens- und anpassungsfähig zu sein, in der Natur und als Organisation. Ein fehlerfreundliches System hat die Fähigkeit, diese Komponenten jeweils passend zu organisieren. Dabei sei ganz klar herausgestellt, dass Fehlerfreundlichkeit sich mit verbissener Optimierung, gesteigerter Stringenz und Vereinheitlichung um jeden Preis nicht verträgt. Hier gilt es zu balancieren.

Redundanz: Welchen und wie viel Ersatz gibt es für eine Funktion, eine Rolle, ein System? Redundanz bedeutet Stabilisierung.

Vielfalt: Wenn es so nicht klappt, wie geht es anders? Wie viele Arten, etwas zu tun, sind denkbar und durchführbar? Vielfalt erzeugt Anregung.

Barrieren: Es gilt Grenzen zu ziehen, damit nicht gleich das ganze System kollabiert, wenn ein Fehler passiert.

Fehlerfreundlichkeit manifestiert sich auf diversen Ebenen und sie zu entwickeln ist ein Prozess. Davor steht das Bewusstmachen des Status quo. Die Beantwortung der Frage, ob die eigene Organisation eher fehlerfeindlich (vermeidend) oder fehlerfreundlich (fördernd) ist, sollte ehrlich und schonungslos geschehen.

Eine Berufsgruppe, die zum Thema »Umgang mit Fehlern« immer wieder als Modell dient, sind Piloten und Flugbegleiter. Während eines Fluges passieren viele Fehler, statistisch gesehen alle vier Minuten. Jeder einzelne ist meist unproblematisch, aber in einer Kette können fatale Folgen entstehen. Deshalb lernen die Crew-Mitglieder, faktenbasiert und offen über Probleme und Fehler zu sprechen, ohne in Schuldzuweisungen zu verfallen. Hürden, die eine offene Atmosphäre behindern, werden (so gut es geht) identifiziert und beseitigt. So fand man heraus, dass flache Hierarchien das Benennen von Fehlern fördern. Die Rolle des Piloten liegt insofern eher darin, zu fragen und Informationen zu sammeln, als anzuweisen. Viele Fluglinien sind im Laufe der Zeit zu einer Duz-Kultur übergegangen, um die egalitäre Zusammenarbeit zu unterstützen. In sogenannten Crew-Ressource-Management-Trainings werden die Crews regelmäßig in Kommunikation, Wahrnehmung, Stress und Entscheidungsfindung geschult, denn ein Versprechen in die Hand – »Ab heute arbeiten wir offen und fehlerfreundlich miteinander« – reicht nicht aus. Am Ende ist es der gelebte Prozess im Alltag, der die passende Atmosphäre entstehen lässt und Offenheit möglich macht.

Sie können den Umgang mit Fehlern auch mit einem einfachen Mittel freundlicher gestalten: darüber reden.

*»Wer wirklich Autorität hat, wird sich nicht scheuen,
Fehler zuzugeben.«* BERTRAND RUSSELL

Freund oder Feind?

Kreuzen Sie bei den nachfolgenden Aussagen an, ob sie in Ihrer Organisation zutreffen oder nicht.

	Ja	Nein
Ihre Organisation ist zentral-hierarchisch organisiert.		
Planungs- und Kontrollprozesse dienen ausschließlich der Vorausschau und Dokumentation.		
Sie betreiben Vereinheitlichung und Standardisierung in hohem Maße.		
Fehler werden heruntergespielt.		
Treten Fehler auf, wird Schuldzuweisung betrieben.		
Das Vertrauen in Ihrer Organisation ist gering.		
Interner Wettbewerb wird gefördert.		
Intuition gilt als unpassend.		
Analytisches Denken und analytische Methoden überwiegen.		
Unsicherheit wird mit Kontrolle begegnet.		
Eine der Annahmen der Organisation: »Es gibt zu viele und zu häufig Veränderungen.«		
Die Organisationsmaxime lautet: »Wir machen keine Fehler.«		
Die Organisationsmaxime lautet: »Jeden Fehler darf man höchstens einmal machen.«		

Haben Sie mehr Kreuze in der Spalte »Ja«, so ist Ihre Organisation Fehlern gegenüber eher feindlich eingestellt. Um dieser Einstellung auf den Grund zu gehen und Ansatzpunkte zur Verbesserung zu finden, empfiehlt sich die Arbeit mit dem Bergwerk (s. Kapitel »Verstehen kommt vor verändern«).

- Welche Muster erkennen Sie im Umgang mit Fehlern?
- Welche strukturellen Bedingungen fördern die Muster?
- Welche mentalen Modelle liegen zugrunde?

Kennen Sie Fuck-up-Nights?

Auf einer Bühne stehen Menschen, die gescheitert sind. Egal, ob beruflich oder privat, sie sprechen über ihre Geschichte und haben dafür 15 Minuten Zeit. Die Vorträge sind ehrlich, offen und schonungslos. Entstanden ist das Konzept in Mexiko; von dort hat es längst seinen Weg nach Deutschland gefunden. Kaum eine Stadt, in der nicht mittlerweile solche Events stattfinden. Diese Idee lässt sich organisationsintern nutzen, um offen über Fehler (und gerne auch übers Scheitern) zu sprechen. Einige Organisationen nutzen das als rein interne Veranstaltung, andere gehen damit auch an die Öffentlichkeit und stellen zum Beispiel erfolglose Projekte und deren Fehlerliste vor.

Klar und ohne vorgehaltene Hand über Fehler zu sprechen, kann ein sehr guter Startpunkt für die Verbesserung der Fehlerkultur sein. Probieren Sie es aus und lernen Sie dabei aus möglichen Fehlern.

13 Wertschöpfung: Liefern, nicht labern

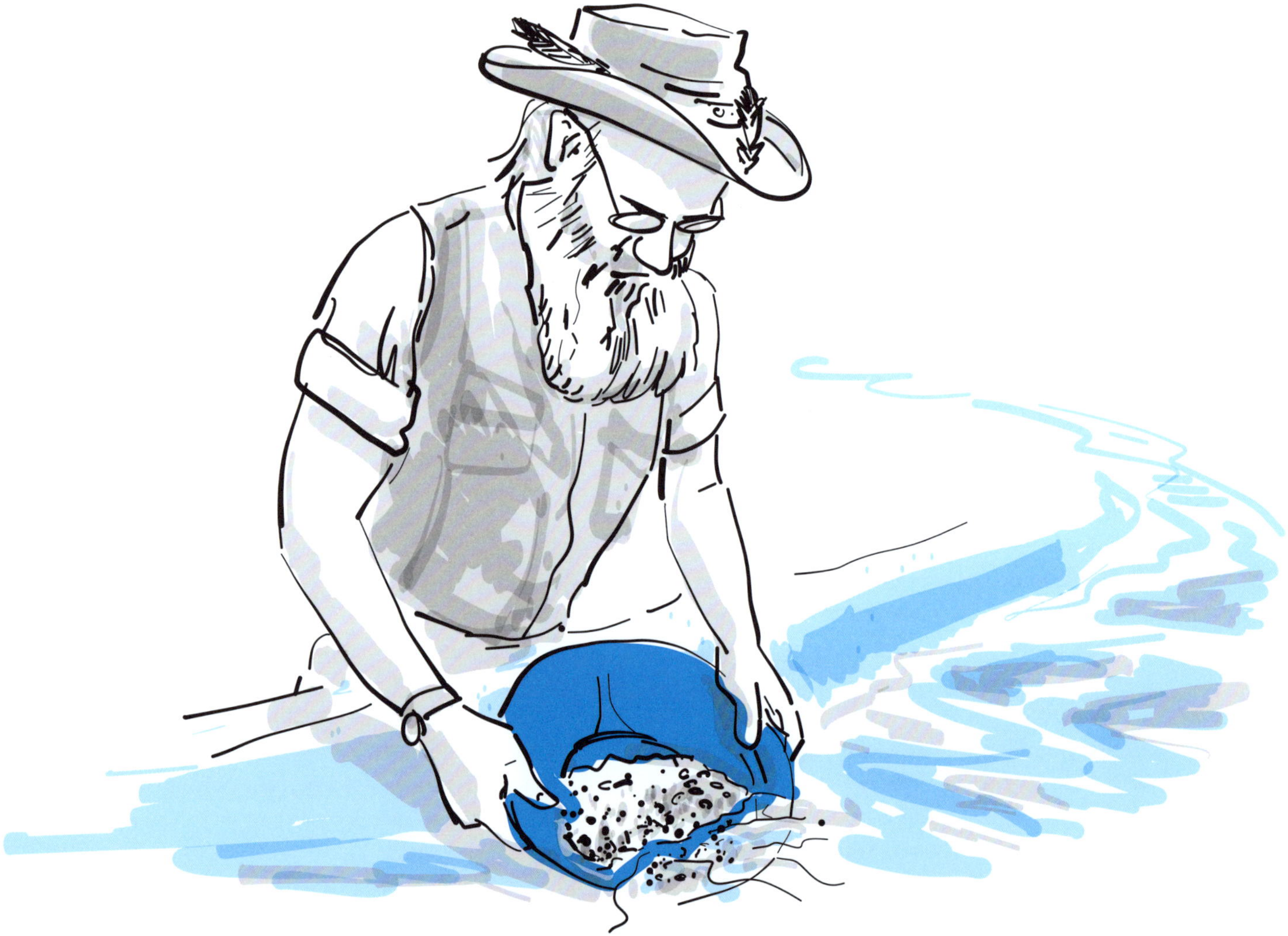

Sollte, könnte, müsste. Kommt Ihnen das bekannt vor? Ein Großteil der Unterhaltung besteht aus Konjunktiven. Die einzelnen Themen werden häufig nur bis zu einem gewissen Punkt konkretisiert und dann doch lieber vertagt. Probleme sind zwar skizziert, ihre Lösung liegt scheinbar aber bei anderen und nicht im eigenen Handlungsraum. Konkrete Handlungen werden nur wenige verabredet. Für die meisten Punkte wird Handeln in die Zukunft projiziert, gekoppelt an Bedingungen, die sich erst noch erfüllen müssen. Puh, das ist nicht nur mühsam und zeitraubend, sondern auch oft ergebnislos. Diese Art der Besprechung und Zusammenarbeit ist überflüssig. Warum aber ist dieses Spiel in vielen Organisationen zu finden?

Auch auf diese Frage gibt es keine allgemeingültige Antwort. Eventuell beschäftigen sich die Menschen gerade mit Tätigkeiten, die sich aus Prozessen und Vorgaben ableiten, aber keinen Beitrag zur Wertschöpfung leisten. Da mangelt es dann an der Sinnhaftigkeit, was zu Aufschieberitis führt. Oder sie fokussieren das Problem so lange und intensiv, bis sie nur noch Probleme sehen. Dann ist den Menschen ihr eigener Handlungsspielraum nicht mehr bewusst. Egal, welcher Grund dahinter steckt, das Ergebnis ist stets dasselbe: Es wird nicht gehandelt.

Erstaunlicherweise wird das in zahlreichen, vor allem großen, Organisationen geduldet. Es wird viel über das Handeln gesprochen, wann, wie, mit wem, unter welchen Bedingungen. Aber getan wird manches Mal zu wenig. Dabei braucht es dazu gar nicht viel außer Klarheit, Sinnhaftigkeit, Verbindlichkeit und Spaß an der Zielerreichung. Ins Tun kommen, statt nur zu reden, dabei Spaß haben und konkrete Zie-

> **SOLLTE, KÖNNTE, MÜSSTE**
>
> Dienstag, 10 Uhr. Das Team sitzt zusammen wie jede Woche. Man bespricht sich in diesem Jour fixe und geht aktuelle Themen und Probleme an. So weit die Theorie, aber hören wir doch mal rein:
>
> »Mit der Roadmap kommen wir gerade nicht weiter, weil der Einkauf seine Demands nicht formuliert hat.«
> »Was können wir da tun?«
> »Man müsste dem Einkauf die Dringlichkeit klarmachen. Vielleicht warten wir noch ein paar Tage, die haben ja auch gerade Stress.«
>
> »Hat sich an den Regularien für den Transport eigentlich etwas geändert?«
> »Das müsste man mal prüfen. Das könnte sein.«
>
> »Wie sehen denn die Zahlen zu unseren verkauften Dienstleistungstagen aus?«
> »Nicht so rosig, da ist noch Luft nach oben. Da muss klar was passieren. Wir könnten mehr Energie in den Vertrieb setzen.«
> »Da sollten wir uns an einem weiteren Termin dezidiert Gedanken zu machen.«

le erreichen, die zur Wertschöpfung beitragen, wäre schön. Oder? Konzepte, die dafür Spiele nutzen, werden zurzeit immer populärer. Eines der überzeugendsten habe ich bei GoGREAT kennengelernt. Den Ablauf eines solchen Spieles finden Sie nachfolgend.

Auf die Spiele, fertig, los!

(© GoGREAT, s. Glossar)

Eine Möglichkeit zu schaffen, um gemeinsam erfolgreich zu sein, ist Sinn des sogenannten Mini-Spieles. Dazu muss der Zusammenhang von Leistung und Ergebnis für alle klar sein, weshalb jedes Mini-Spiel auf eine konkrete Kennzahl ausgelegt wird. Das kann beispielsweise die Anzahl verkaufter Produkte sein, wenn das momentane Problem Umsatzrückgang ist. Eine andere mögliche Kennzahl kann die Anzahl veröffentlichter Blogbeiträge sein, wenn dem Unternehmen mehr Aufmerksamkeit verschafft werden soll.

Gespielt wird gegen die Kennzahl, niemals gegeneinander. Die Teammitglieder gehen nicht in Konkurrenz zueinander und es sollten auch niemals mehrere Teams auf dasselbe Ziel angesetzt werden. Wählen Sie die Kennzahl mit Bedacht und halten Sie den nachfolgend beschriebenen Ablauf ein. Es braucht Verbindlichkeit.

Das Thema

Finden Sie gemeinsam ein Thema, das emotional geladen ist und sich in einer Kennzahl ausdrücken lässt. Sie kommen leicht über Fragen an die Themen: Was ärgert uns? Welche Verbesserungen wünschen wir uns? Wo liegen aktuelle Engpässe? Jedes Thema braucht ein messbares Ziel und eine Kennzahl. Beispiele: Anzahl Interessenten, Meetings effizient gestalten, verkaufte Trainingstage, PR-Veröffentlichungen.

Der Name

Verpassen Sie Ihrem Spiel einen emotionalen, motivierenden Namen. Verzichten Sie auf sachliche Beschreibungen. Beispiele: Alles neu macht der Mai (Generieren von Vortragsinteressenten), Machine Gun (Maschineneinsätze auf der Baustelle)

Das Team und sein Moderator

Mitarbeiter, die das Ergebnis mit ihrer Arbeit beeinflussen, bilden auf freiwilliger Basis das Team. Ein abteilungsübergreifendes Team ist bestens geeignet, um die interdisziplinäre Zusammenarbeit zu fördern. Es sollten zwischen vier und maximal zehn Personen in einem Team spielen. Die Aufgaben des Moderators sind es, die Besprechungen (Huddles) einzuberufen, die Aufgabenverteilung zu moderieren, das Scoreboard zu aktualisieren, die Ergebnisse festzuhalten und die Gewinnprämien zu organisieren.

Die Ziele
Gespielt wird mit drei Gewinnstufen. Die erste Stufe sollte mit geringer Anstrengung zu erreichen sein. Die dritte darf große Anstrengung erfordern, muss aber immer noch realistisch sein. Das Team definiert die Stufen und die Gewinne. Es gibt keine finanziellen Belohnungen auf den Gewinnstufen, sie sollten jedoch motivierend und von hohem Erinnerungswert sein. Beispiele: Smoothies für alle, Kuchenessen beim besten Konditor der Stadt, Basketballkorb für das Büro, gemeinsamer Improtheater-Kurs.

Die Laufzeit
Wählen Sie eine Laufzeit von acht bis zwölf Wochen. Diesen Zeitraum benötigen Menschen für Verhaltensänderungen. Und darum geht es am Ende des Tages.

Das Scoreboard
Die »Tafel« ist Mittelpunkt des Spieles. Gestalten Sie sie dem Thema gemäß. Elektronische Lösungen verlieren schnell an Kraft, das Scoreboard sollte haptisch sein. Es zeigt auf einen Blick, welche Stufe erreicht ist, wo das Team steht. Hängen Sie das Scoreboard prominent auf, sodass möglichst viele Mitarbeiter (nicht nur das Team) es sehen können.

Die Huddles
Teambesprechungen sind regelmäßig abzuhalten, jedoch so kurz wie möglich. Zehn bis 15 Minuten haben sich bewährt, um über Ergebnisse, Taktiken und Hindernisse zu sprechen. Wählen Sie einen passenden Rhythmus, wöchentlich sollten sie auf jeden Fall stattfinden.

Die Auswertung und die Feier
Drei Fragen sind am Ende relevant, um den Erfolg des Mini-Spieles zu bewerten:

Welche zählbaren oder finanziellen Ergebnisse haben wir erzielt? Was haben wir gelernt über uns, unsere Prozesse, unsere Kunden, Themen usw.? Welchen Beitrag hat das Mini-Spiel auf unseren Teamgeist?

Vergessen Sie nicht, den Erfolg zu feiern!

Sie werden erkennen, dass die Zusammenarbeit in dieser spielerischen Form enorme Kreativität und hohes Engagement entfacht.

SCHLUSS MIT AUFSCHIEBERITIS

Die Firma K. ist eine Markenagentur aus Südoldenburg. In der Markenagentur werden die Zeitaufwände täglich in einer Agentursoftware erfasst – etwas, was früher oft aufgeschoben, vergessen oder nachträglich einfach ungenau gemacht wurde. Die Abrechnung der genauen Aufwände am Monatsende und das Projektcontrolling gestalteten sich früher entsprechend schwierig. Gerade kleinere Zeitaufwände fielen hinten runter und wurden gar nicht gebucht.

Ein interdisziplinäres Team entwickelte das Mini-Spiel »Stundenhotel«, das gemeinsam über einen Zeitraum von zehn Wochen gespielt wurde: Alle Mitarbeiter buchten jeden Tag ihre komplette Anwesenheitszeit in das Zeiterfassungsprogramm ein. Jeder, der seine Zeit lückenlos einbuchte, warf eine Murmel in das Stundenhotel. Über den aktuellen Spielstand informierte ein selbst entwickeltes Scoreboard. Das wöchentliche Huddle zeigte auf, welche Probleme auftauchten oder wo Verbesserungspotenzial bestand. Bereits nach einer Woche konnten alle eine positive Verhaltensänderung feststellen: Alle buchten ihre Zeiten komplett ein. Und zwar nicht, weil es sein musste oder gar der Druck von den Vorgesetzten kam, sondern vielmehr weil es Spaß machte, gemeinsam im Team gegen die kritische Kennzahl zu spielen.

Alle drei Gewinnstufen (1. gemeinsames Frühstück, 2. Volleyballnetz, 3. Nackenmassage am Arbeitsplatz) wurden spielerisch erreicht und gefeiert. Die eingebuchten Produktivstunden erhöhten sich um zehn Prozentpunkte. Auch kleinere Tätigkeiten wurden erfasst und konnten abgerechnet oder für die Kundenbindung genutzt werden. Das Projektcontrolling, die Abrechnungen und neue Angebote gestalteten sich viel genauer und sicherer. Rundum ein voller Erfolg!

Anhang

Glossar

5-Why-Methode
Sakichi Toyoda, Gründer des Automobilherstellers Toyota, hat diese Methode entwickelt, um Problemen auf den Grund zu gehen. Er integrierte die Methode in das Produktionssystem, schnell setzte sie sich aber auch in anderen Bereichen durch. Die Annahme hinter der Methode ist, dass fünf Warum-Fragen in der Regel ausreichen. Es können aber auch vier oder sieben sein. Das letzte Warum weist in betrieblichen Kontexten häufig auf einen Prozess hin, der ursächlich für das betrachtete Problem ist.

Attributionsfalle
Seit den 1960er-Jahren haben diverse Wissenschaftler in verschiedenen Experimenten nachgewiesen, dass Menschen häufiger Ursachen in der Persönlichkeit anderer Menschen suchen als in den äußeren Umständen. Erklären wir Verhalten von Menschen über deren Zugehörigkeit zu sozialen Gruppen (»Der macht das so, weil er ITler ist«), so führt das vor allem zum Erhalt von Vorurteilen.

Autopoiesis
Als Urheber des Konzeptes der Autopoiesis werden die Biologen Humberto Maturana und Francisco Varela benannt, obwohl beide dies nie bestätigt haben. Es beschreibt den Prozess der Selbsterhaltung eines Systems. Der Mensch selbst ist ein gutes Beispiel, ist er doch rekursiv organisiert; er ist das Produkt des Zusammenwirkens seiner Bestandteile. Niklas Luhmann übertrug diesen Gedanken auf soziale Systeme. Das bedeutet: Sie bestehen aus Kommunikation und befinden sich in einem autokatalytischen Prozess der Selbstproduktion und -reproduktion. Über Unterscheidung und Abgrenzung (zur Umwelt) wird ein solches System erst beschreibbar.

Beer, Stafford
Der Begründer der Managementkybernetik widmete sich vor allem der Frage, wie Organisationen lebens- und anpassungsfähig gestaltet werden können. Stafford Beer bediente sich dabei aus den verschiedenen Schulen der Systemtheorie und nutzte die Gemeinsamkeiten. Mit dem von ihm formulierten Viable System Model (VSM) schuf er ein Modell zur Organisationsgestaltung, das die Lebensfähigkeit der Organisation als Zweck unterstellt.

Bestand
Als Bestand wird der Vorrat oder Grundstock eines Systems bezeichnet. Er lässt sich messen, zählen und/oder sehen, ob Wasser in der Badewanne oder Geld auf einem Konto. Er kann allerdings auch aus immateriellen Komponenten be-

stehen wie beispielsweise Motivation oder Anerkennung. Durch Zu- und Abflüsse ändert sich der Bestand über die Zeit. Um ein System zu verstehen, ist die Dynamik von Beständen und Flüssen wichtig, denn darüber erschließt sich das zeitabhängige Systemverhalten.

Cognitive Edge
Das 2005 von Dave Snowden gegründete Unternehmen hat sich der Entwicklung von Tools und Methoden für den Umgang mit komplexen Systemen verschrieben.

Dynamik
Hier geht es um das zeitabhängige Verhalten eines Systems. Um ein dynamisches System zu beschreiben, reicht es nicht, den Istzustand zu betrachten. Es muss immer auch die Zukunft mit ihren möglichen Handlungsoptionen berücksichtigt werden. Jedes dynamische System entwickelt sich stetig weiter. Es »wartet« nicht auf Entscheidungen oder Aktionen, was für Zeitdruck sorgt.

Fehlerfreundlichkeit
»Fehlerfreundlichkeit bedeutet zunächst einmal eine besonders intensive Hinwendung zu und Beschäftigung mit Abweichungen vom erwarteten Lauf der Dinge. Dies ist eine in der belebten Natur überall anzutreffende Art des Umgangs mit der Wirklichkeit und ihren angenehmen und unangenehmen Überraschungen« – so die Definition von Christine und Ernst Ulrich von Weizsäcker. Eine fehlerfreundliche Haltung gilt als zwingende Basis für den Umgang mit Risiken.

GoGREAT
GoGREAT ist eine Community von Unternehmen, die sich gegenseitig auf dem Weg zu Transparenz, Teilhabe und Selbstorganisation unterstützen. Das Ziel, auf das sich alle einschwören: Ausnahmslos jeder Mitarbeiter des Unternehmens versteht die Grundzüge der Finanzsprache. Alle kennen die kritischen Erfolgskennzahlen des Geschäftsmodells, und alle wissen, wie sie diese im Alltag an ihrem Arbeitsplatz beeinflussen können. Die Mitarbeiter treffen sich regelmäßig, um sich über die laufende Entwicklung dieser Zahlen auszutauschen und um sie für den nächsten Monat zu prognostizieren (Scoreboard-Management). Die Umsetzung erfolgt über eine spielerische Methode. Dadurch entsteht Raum für das kreative Potenzial des Teams, und es wird sichergestellt, dass diese Ideen unverzüglich umgesetzt werden. Selbstredend werden auch alle Mitarbeiter am gemeinsam erwirtschafteten Erfolg beteiligt.

Groupthink
Der Psychologe Irving Janis beschrieb dieses psychologische Phänomen, das in Gruppen zu einem starken Wirgefühl und einem großen Harmoniebedürfnis führt. In der Folge treffen solche Gruppen schlechtere Entscheidungen, als es die einzelnen Gruppenmitglieder tun würden. Einige Symptome des Groupthink sind:
- Sehr starker Zusammenhalt
- Abschottung nach außen
- Illusion der Unverwundbarkeit
- Starker, dominanter Meinungsmacher
- Beschönigung schlechter Entscheidungen
- Schutz vor abweichenden Meinungen

Hawthorne-Studie

Zwischen 1924 und 1933 wurden im Auftrag der amerikanischen Elektrizitätsindustrie und des National Research Council die Hawthorne-Experimente zur Steigerung der Arbeitsleistung durch Lohnanreize und geänderte Arbeitsbedingungen durchgeführt. Eine wesentliche Erkenntnis damals war, dass die Arbeiter mehr auf »menschlichere Bedingungen« ansprachen als auf Geld. In der Betriebswirtschaftslehre leitet man aus den Studien den sogenannten Human-Relations-Ansatz ab, der das Menschenbild des Taylorismus wesentlich veränderte. Im Nachgang wurden die Studienergebnisse allerdings kontrovers diskutiert, denn die Probanden verhielten sich offenbar anders als gewöhnlich, weil ihnen bewusst war, dass sie an einer Studie teilnahmen.

Hühner-Ei-Stock-Flow-Diagramm

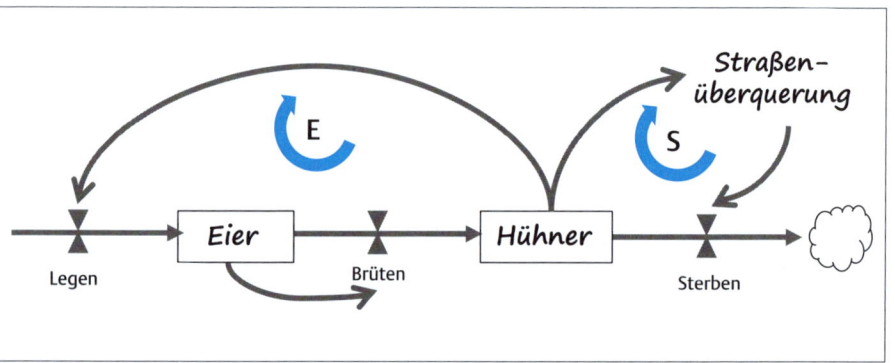

Hühnerpopulation

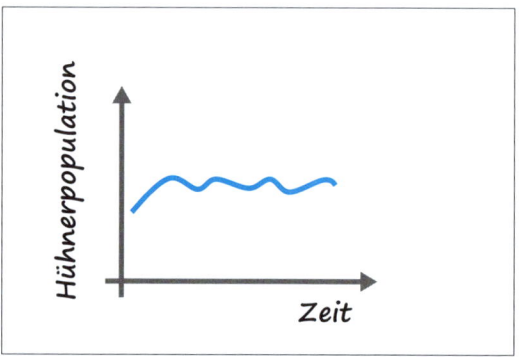

Informelle Hierarchie

Gruppendynamik und »Politik« sorgen in jeder Organisation für eine informelle Hierarchie, die mit dem öffentlich formulierten Organigramm wenig zu tun hat. Sie regelt Kommunikationswege und Verhalten und kompensiert so das, was der offiziellen Organisation fehlt. Wie eine Organisation tickt, lässt sich am schnellsten rausfinden, indem man die informelle Hierarchie beobachtet.

Intransparenz

Das Geflecht von Wechselwirkungen und die daraus entstehende Dynamik machen es unmöglich, ein komplexes System vollständig zu erfassen oder zu beschreiben. Es ist intransparent. Das bedeutet: Wir treffen Entscheidungen immer nur auf der Basis einer »Auszugbetrachtung«.

Kapitänsaufgabe

Viele Schüler antworten auf diese Aufgabe mit »32«. Die Zahlen in der Aufgabenstellung werden irgendwie miteinander kombiniert, damit auf jeden Fall eine Lösung herauskommt. Kapitänsaufgaben lassen sich mit den angegebenen Informationen nicht lösen. Sie sind aus der mathematisch-didaktischen Forschung bekannt und führen uns vor Augen, dass wir dazu tendieren, immer die Existenz einer eindeutigen Lösung zu unterstellen.

Komplexität

Komplexität kennzeichnet ein System, das aus vielen untereinander verknüpften Elementen besteht. Die beiden dominierenden Dimensionen sind entsprechend die »Anzahl der Elemente« und die »Anzahl der Verknüpfungen«. Aus ihnen ergibt sich der Grad der Komplexität. Diese beiden Dimensionen müssen gleichzeitig betrachtet werden, denn die Merkmale existieren ja nicht unabhängig voneinander. So werden Aussagen über den Zustand des Systems und das Treffen von Handlungsentscheidungen möglich. Dabei stellt die Komplexität hohe Anforderungen an den Einzelnen, da das System ab einem gewissen Komplexitätsgrad kognitiv nicht mehr zu überblicken ist.

Kühlhaus-Experiment

Dietrich Dörner hat in seinem Buch *Die Logik des Misslingens* das von ihm entwickelte Experiment ausführlich beschrieben, um typische Fehlermuster im Umgang mit komplexen Systemen deutlich zu machen. Die Teilnehmer seines Experimentes sollten die Temperatur eines Kühlhauses auf einen vorgegebenen Wert regeln, wozu sie eine bestimmte Anzahl Stellradeinstellungen zur Verfügung hatten. Bei jeder Einstellung wurde den Teilnehmern mitgeteilt, welche Temperatur 15 Minuten nach ihrer Einstellung im Kühlhaus herrschen wird. Diese zeitliche Verzögerung war ein wichtiger Aspekt, der schließlich in komplexen Systemen immer zu berücksichtigen ist. Nur 20 % der Probanden waren erfolgreich, die anderen unterschätzten die Zeitverzögerung und regulierten zu ungeduldig.

Lügner-Paradoxon

»Ich lüge gerade.« Dieser Satz ist ein klassisches Beispiel für ein Paradoxon beziehungsweise eine semantische Antinomie. Gilt der Satz, so muss er falsch sein, denn der Sprecher lügt. Gilt er nicht, so muss er ebenfalls falsch sein, denn der Sprecher sagt die Wahrheit. Die Aussage ist, logisch betrachtet, einfach Unfug. Gleichzeitig ist »Ich lüge gerade« ein Paradebeispiel für Selbstbezüglichkeit. Dieser Satz sagt auch auf der Metaebene etwas über sich aus. Unerfüllbar wird er, weil sich Meta- und Kommunikationsebene widersprechen. Eine Lösung für dieses Paradoxon gelingt nur, wenn die Selbstbezüglichkeit verboten würde.

PTfM

Teil II

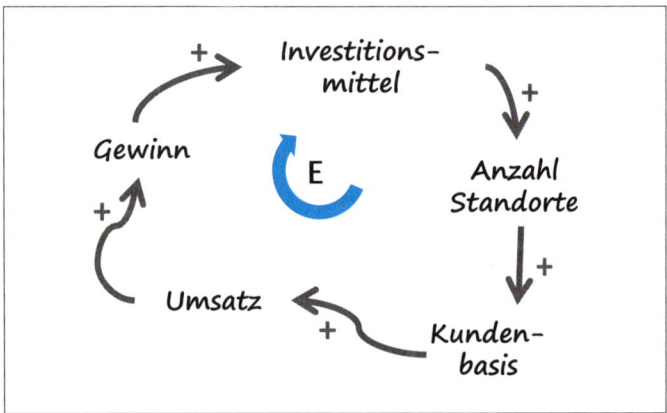

Teil III

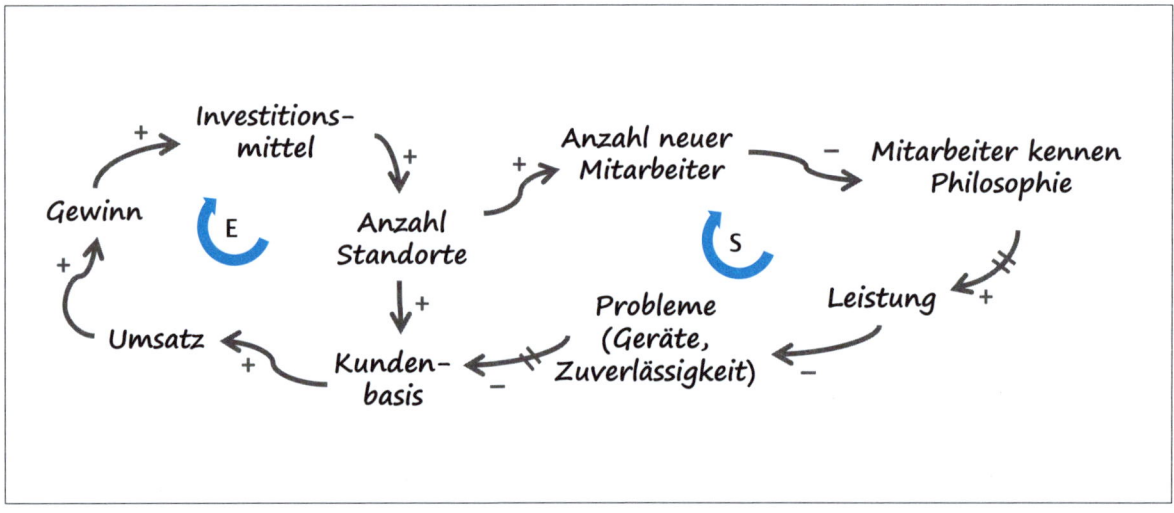

Public Goods Game

Im Rahmen der Spieltheorie wird das Public Goods Game immer wieder zitiert, wenn es um die Frage nach Kooperation und Altruismus geht. In der Standardvariante gibt es n Spieler, die einen Anfangsbetrag von x Euro erhalten. Jeder Spieler kann in einen öffentlichen Topf einzahlen. Der eingezahlte Gesamtbetrag wird mit dem Faktor y vervielfacht und zu gleichen Teilen an alle Spieler ausgezahlt. Die Krux liegt darin, dass auch diejenigen Spieler in den Genuss des öffentlichen Gutes kommen, die nichts einzahlen.

Radikaler Konstruktivismus

Ernst von Glasersfeld und Heinz von Foerster gelten als Begründer dieses gleichermaßen einflussreichen wie umstrittenen erkenntnistheoretischen Ansatzes. Er geht davon aus, dass unsere Wahrnehmung niemals ein Abbild der Realität ist. Eine objektive Wirklichkeit, die unabhängig vom Beobachter ist, existiert nicht. Von Glasersfeld prägte zudem den Begriff der Viabilität, der für ihn »Gangbarkeit« (im Sinne einer momentan guten Lösung) bedeutet. Wahrheit ist immer subjektiv. Gangbarkeit ist demnach eben nicht *die* eine Wahrheit, sondern eine momentan passende. Denkt man Viabilität konsequent weiter, wird Darwins Theorie des »survival of the fittest« modifiziert. So geht es bei der Frage von Anpassung nicht um eine gezielte, sondern eine beliebige passende oder gangbare Anpassung. Die chilenischen Neurowissenschaftler Humberto Maturana und Francisco Varela nahmen mit ihrem Konzept der Autopoiesis (Selbsterhaltung) großen Einfluss auf die Diskussionen um den radikalen Konstruktivismus, auch wenn beide sich nicht als radikale Konstruktivisten bezeichnen wollten. Autopoietische Systeme sind durch Zirkularität gekennzeichnet und im Hinblick auf ihre Struktur und Zustände nach außen abgeschlossen. Gleichzeitig sind sie materiell und energetisch offen. Maturana und Varela sehen die Arbeit der menschlichen Sinnesorgane und des Gehirns als eine Schaffung von Konstruktionen der Wirklichkeit, wobei Wahrnehmung und Erkenntnis nicht getrennt gesehen werden können, sondern immer verbunden sind. Paul Watzlawick verwendet den Begriff des Konstruktivismus in Bezug auf Kommunikation. Menschliche Kommunikation ist für ihn ein offenes System und nicht etwas, was zwei Einzelpersonen tun. Die Kommunikationspartner bilden ein Ganzes, der Prozess ist rückgekoppelt. Dabei unterscheidet Watzlawick zwischen der Wirklichkeit erster und zweiter Ordnung. Bei der ersten Ordnung geht es um physikalische Eigenschaften, bei der zweiten Ordnung um Sinn, Bedeutung und Wert. Bei der klassischen Frage nach dem Wasserglas haben Optimist und Pessimist dieselbe Wirklichkeit erster Ordnung. Ihre Wirklichkeiten zweiter Ordnung sind jedoch grundverschieden.

Reduktionismus

Wesentlich für den Reduktionismus ist die Vorstellung, dass ein System durch seine Einzelkomponenten vollständig bestimmt werden kann. Dahinter steht der Gedanke, dass sich ein System über die Eigenschaften seiner Komponenten erklärt.

Scientific Management

siehe Taylorismus

Selbstorganisation

Den Prozess, bei dem durch die Interaktion der Komponenten des Systems eine Ordnung entsteht, nennt man Selbstorganisation. Solche Systeme sind in der Lage, auch bei Störungen von außen ihren Zweck zu bewahren und sich selbst zu regulieren. Sie sind robust. Der Begriff wird im Organisationsalltag oft mit Selbstmanagement gleichgesetzt oder verwechselt. Selbstorganisation wird jedoch nicht »gemacht« oder erlaubt, sie ist ein Merkmal komplexer Systeme, also immer existent. Zu viel Management oder auch Bürokratie behindern die Selbstorganisation. Sie zuzulassen, bedeutet keineswegs Chaos und Anarchie, es bedarf allerdings eines Höchstmaßes an Disziplin, um selbstorganisiert zusammenzuarbeiten. Die Basis dafür sind, neben der Disziplin, Prinzipien und geteilte Werte.

Soziotechnisches System

Als soziotechnisches System versteht man die beiden Teilsysteme Mensch und Technologie in ihrem Zusammenspiel. Unterstellt ist dabei, dass diese sozialen und technischen Teilsysteme sowohl für sich als auch in ihrer Beziehung zueinander zu betrachten und, vor allem, zu gestalten sind. Der Ansatz entstand im Rahmen der Tavistock-Studie.

System

Eine Einheit von Elementen, die miteinander verknüpft (also gemeinsam organisiert) eine Funktion beziehungsweise einen Zweck erfüllen.

Systemtheorien

Die eine Systemtheorie existiert nicht, es ist ein interdisziplinärer Ansatz mit Einflüssen aus der Biologie, Soziologie, Chaosforschung oder auch der Kybernetik. Einige der wichtigsten systemtheoretischen »Schulen« und ihre Vordenker sind:

Synergie	Aristoteles
Allgemeine Systemtheorie	Ludwig von Bertalanffy
Kybernetik	William Ross Ashby
	Norbert Wiener
Biologische Systemtheorie	Humberto Maturana
	Francisco Varela
Soziologische Systemtheorie	Niklas Luhmann
	Talcott Parsons
Synergetik	Hermann Haken

Tavistock-Studie

In den 1950er-Jahren wurden am Londoner Tavistock Institute Forschungen durchgeführt, um der Frage nach Fluktuation, hohen Fehlzeiten und mangelnder Motivation auf den Grund zu gehen. Ausgangspunkt waren Erfahrungen in einem englischen Bergwerk. Dort hatte man nach der Einführung teilmechanisierter Verfahren festgestellt, dass die Arbeitsleistung und -bereitschaft deutlich abfiel, was auf das Auseinanderbrechen des sozialen Gefüges der Arbeiterschaft zurückgeführt wurde. Aus dieser Erkenntnis entwickelte sich der soziotechnische Ansatz.

Taylorismus

Frederick W. Taylor, der »Vater« des Scientific Management, beschreibt die zentrale Steuerung von Arbeitsabläufen mit dem Ziel der Effizienzsteigerung. Dazu werden Arbeitsschritte kleinteilig aufgegliedert, beschrieben, zeitlich gemessen und kontrolliert.

Vernetzung

In einem vernetzten System nehmen die Komponenten gegenseitig Einfluss aufeinander. Somit ist jedes komplexe System auch vernetzt, das ergibt sich aus dem Wirkungsgefüge. Vernetzung ist also eine grundlegende Eigenschaft. Gleichzeitig lässt sich die Vernetzung von Menschen in einem sozialen System zielgerichtet beeinflussen, um für Adaptivität zu sorgen.

Wahrnehmungsfilter

Die Menge der Informationen, die wir über unsere Sinnesorgane aufnehmen, ist zu groß, als dass wir sie alle verarbeiten könnten. Daher nutzen wir Wahrnehmungsfilter, um auszuwählen und zu verallgemeinern. Das Nervensystem ist der erste Filter, so können wir beispielsweise nur bestimmte Frequenzen hören. Die Kultur, in der wir leben, und die Sozialisierung filtern ebenfalls Informationen. Gerade in multikulturellen Teams wird immer wieder deutlich, dass verschiedene Aspekte als wichtig beziehungsweise dringlich wahrgenommen werden. Zuletzt filtern wir Informationen auf der Basis unserer individuellen Präferenzen und Erfahrungen. Was ist interessant, wozu haben wir welche Meinung, was kenne ich etc.

World Café

Mittlerweile ist das World Café als Methode zur Großgruppenmoderation recht bekannt. Sie ist geeignet, wenn Sie komplexe Themen bearbeiten wollen und dabei viele Beteiligte verantwortlich einbinden. Zur Durchführung ist ein Raum mit ausreichendem Platz für runde Tische mit jeweils vier bis sechs Stühlen notwendig. Es hat sich bewährt, auch Stehtische einzubauen, da die Gesprächsdynamik dann eine andere ist. Auf den Tischen werden Papiertischdecken und Marker für die Visualisierung/Skizzierung der wichtigsten Punkte bereitgelegt. An jedem Tisch wird eine konkrete Fragestellung diskutiert. Dazu stehen 15 bis 20 Minuten zur Verfügung, dann wechseln die Teilnehmer den Tisch. So mischen sich die Teilnehmer neu. In der Regel gibt es pro Tisch einen Gastgeber, der über den gesamten Verlauf bleibt und die Gespräche moderiert.

Literatur

Anderson, Virginia/Johnson, Lauren: Systems Thinking Basics. From Concepts to Causal Loops. Pegasus Communications Inc., Acton/MA, 1997

Ariely, Dan: Denken hilft zwar, nützt aber nichts. Knaur Taschenbuch, München, 2008

Arnold, Hermann: Wir sind Chef: Wie eine unsichtbare Revolution Unternehmen verändert. Haufe Lexware, Freiburg, 2016

Bateson, Gregory: Die Ökologie des Geistes. Suhrkamp Verlag, Frankfurt am Main, 1985

Bauer, Joachim: Prinzip Menschlichkeit. Warum wir von Natur aus kooperieren. Wilhelm Heyne Verlag, München, 2006

Borgert, Stephanie: Resilienz im Projektmanagement. Bitte anschnallen, Turbulenzen! Erfolgskonzepte adaptiver Projekte. Springer Fachmedien, Wiesbaden, 2013

Borgert, Stephanie: Die Irrtümer der Komplexität. Warum wir ein neues Management brauchen. GABAL Verlag, Offenbach, 2015

Dörner, Dietrich: Die Logik des Misslingens. Strategisches Denken in komplexen Situationen. Rowohlt Taschenbuch Verlag, Reinbek, 2003

Foegen, Malte/Kaczmarek, Christian: Organisation in einer digitalen Zeit. Wibas, Darmstadt, 2016

Foerster, Heinz von/Pörksen, Bernhard: Wahrheit ist die Erfindung eines Lügners. Gespräche für Skeptiker. Carl-Auer-Systeme Verlag, Heidelberg 2013

Golüke, Ulrich: Scenarios. How to create them and Why you should. BoD, Norderstedt, 2016

Guggenberger, Bernd: Das Menschenrecht auf Irrtum. Anleitung zur Unvollkommenheit. Carl Hanser Verlag, München, 1987

Gumin, Heinz/Meier, Heinrich (Hrsg.): Einführung in den Konstruktivismus. Piper Verlag, München, 1992

Kahneman, Daniel: Schnelles Denken, langsames Denken. Siedler Verlag, München, 2012

Laloux, Frederic: Reinventing Organizations. A Guide to Creating Organizations Inspired by the Next Stage in Human Consciousness. Nelson Parker, Brüssel, 2014

Lambertz, Mark: Freiheit und Verantwortung für intelligente Organisationen. Mark Lambertz, Düsseldorf, 2016

Larman, Craig/Vodde, Bas: Scaling Lean & Agile Development. Pearson Education Inc., Boston, 2009

Losada, Marcial/Fredrickson, Barbara: Positive Affect and the Complex Dynamics of Human Flourishing. American Psychologist 60:7

Luhmann, Niklas/Kieserling, André (Hrsg.): Macht im System. Suhrkamp Verlag, Berlin, 2013

Luhmann, Niklas: Vertrauen. UVK Verlagsgesellschaft, München, 2014

Maturana, Humberto/Varela, Francisco: Der Baum der Erkenntnis. Fischer Taschenbuch Verlag, Frankfurt am Main, 2009

Meadows, Donella H.: Die Grenzen des Wachstums. Wie wir sie mit Systemen erkennen und überwinden können. Oekom Verlag, München, 2010

Mintzberg, Henry: Mintzberg über Management. Führung und Organisation – Mythos und Realität. Springer Verlag, Heidelberg, 2013

Mohr, Günther: Workbook Coaching und Organisationsentwicklung. EHP-Verlag Andreas Kohlhage, Bergisch Gladbach, 2010

Mois, Tim/Baldauf, Corinna: 24 Work Hacks. Sipgate GmbH, Düsseldorf, 2016

Oestereich, Bernd/Schröder, Claudia: Das kollegial geführte Unternehmen. Ideen und Praktiken für die agile Organisation von morgen. Vahlen, München, 2016

Ossimitz, Günther/Lapp, Christian: Systeme. Denken und Handeln. Verlag Franzbecker, Hildesheim, 2013

Pfläging, Niels: Organisation für Komplexität. Wie Arbeit wieder lebendig wird – und Höchstleistung entsteht. Redline Verlag, München, 2014

Pietschmann, Herbert: Die Atomisierung der Gesellschaft. Ibera Verlag, Wien, 2009

Prantl, Heribert: Kein schöner Land: Die Zerstörung der sozialen Gerechtigkeit. Droemer, München, 2005

Richardson, George P.: Feedback Thought in Social Science and Systems Theory. University of Pennsylvania Press, Philadelphia, 1991

Rid, Thomas: Maschinendämmerung. Eine kurze Geschichte der Kybernetik. Ullstein, Berlin, 2016

Robertson, Brian J.: Holacracy: Ein revolutionäres Management-System für eine volatile Welt. Vahlen, München, 2016

Senge, Peter M.: Die fünfte Disziplin. Klett-Cotta, Stuttgart, 1996

Sherwood, Dennis: Einfacher managen. Mit systemischem Denken zum Erfolg. Wiley VCH, Weinheim, 2011

Silver, Nate: Die Berechnung der Zukunft. Warum die meisten Prognosen falsch sind und manche trotzdem zutreffen. Wilhelm Heyne Verlag, München, 2013

Simon, Fritz B.: Einführung in die systemische Organisationstheorie. Carl-Auer Verlag, Heidelberg, 2007

Simon, Fritz B.: Gemeinsam sind wir blöd!? Die Intelligenz von Unternehmen, Managern und Märkten. Carl-Auer Verlag, Heidelberg, 2004

Sterman, John D.: Business Dynamics. Systems Thinking and Modeling for a Complex World. McGraw-Hill, New York, 2000

Stüttgen, Manfred: Strategien der Komplexitätsbewältigung in Unternehmen. Paul Haupt, Bern, 1999

Sweeney, Linda/Meadows, Dennis: The Systems Thinking Playbook. Linda Booth Sweeney, o. O., 1995

Väth, Markus: Arbeit, die schönste Nebensache der Welt. GABAL Verlag, Offenbach, 2016

Watzlawick, Paul: Lösungen. Zur Theorie und Praxis menschlichen Wandels. Verlag Hans Huber, Wien, 1975

Watzlawick, Paul: Anleitung zum Unglücklichsein. Piper Verlag, München, 2007

Weizsäcker, Christine und Ernst Ulrich von: Fehlerfreundlichkeit, in: Kornwachs, Klaus (Hrsg.): Offenheit – Zeitlichkeit – Komplexität, Campus, Frankfurt am Main, 1984

Zeuch, Andreas: Feel it! So viel Intuition verträgt Ihr Unternehmen. Wiley VCH, Weinheim, 2010

Zeuch, Andreas: Alle Macht für niemand. Aufbruch der Unternehmensdemokraten. Murmann Publishers, Hamburg, 2015

Register

5-Why-Methode 24, 162

Ariely, Dan 98, 142
Attributionsfalle 89, 162
Aufmerksamkeit 77 f., 100–103
Autopoiesis 162

Beer, Stafford 31, 162
Bergwerk-Metapher 63–65
Bestand 58–60, 162
Blame Game 40

Cognitive Edge 131, 149, 163

Darwin, Charles 140
Denkmuster 18, 23
Diversität 148, 150
Dynamik 163

Egoismus 116 f.
Einflussmöglichkeiten 15
Entscheidungen 140–145
Ereignisse 19–22, 42 f., 63, 65
Erfolgsspirale 77
Erwartungen 18
Eskalation 73–75, 77

Feedback 32, 34, 46–48, 147 f.
Fehler 152–155, 163
Fischer, Frank 143
Foerster, Heinz von 167
Fuck-up-Nights 155
Führungskräfte 110

Glasersfeld, Ernst von 167
Glaubenssätze 18, 20 f., 37, 50, 66, 113
GoGREAT 157, 163
Groupthink 143, 163
Grundtypen 66
Gruppenentscheidungen 143 f.

Handeln 86, 157
Hawthorne-Studie 164
Hierarchie 110–113, 164
High-Performance-Team 107

Intransparenz 32, 164

Janis, Irving 163

Kapitänsaufgaben 33, 165
Kommunikation 101, 106, 108
Komplexitätsreduktion 95, 97

Konsens 143
Kooperation 116–118
Kritik 147
Kühlhaus-Experiment 51, 165 f.

Losada, Marcial 106 f.
Low-Performer-Problem 22 f., 92, 107
Lügner-Paradoxon 165
Luhmann, Niklas 95, 106

Matthäus-Effekt 77 f.
Maturana, Humberto 162, 167
Menschenbild 89 f., 92 f.
Mentale Modelle 20–22, 65 f.
Mini-Spiel 158–160
Misstrauen 97
Modelle 46
Monokultur 148
Muster 19, 21 f., 63, 65

Nebeneffekte 33

Objektivität 16 f., 167
Optimierung 62 f.
Organisationsform 110–113

Pietschmann, Herbert 148
Probleme 36–43, 54, 68
    Beschreibungen 37, 39
    Muster 43
    Problemspinne 39
    Problemverschiebung 69f., 126
Prognosen 129
Public Goods Game 98, 167

Radikaler Konstruktivismus 16, 167
Reden 101
Reduktionismus 167
Redundanz 153
Ritualisierte Kontroverse 148f.
Rückkopplung 32, 46, 147

Schuldzuweisungen 40, 82, 108, 153
Selbstorganisation 32, 168
Selffulfilling Prophecy 89
Senge, Peter M. 66
Simon, Fritz 86
Sinn 33, 123
Spieltheorie 167
Sprache 18, 105–108

Stabilität 62
Stock-Flow-Diagramme 58–61
Storytelling 100
Strukturen 21f., 62f., 65f.
Symptome 19f., 36, 68, 71
Systemarchetypen 66
Systeme 25–34, 62
    Definition 25f., 30
    Elemente 26
    Soziale S. 28
    Zweck 26, 30f.
Systemisches Konsensieren 145
Systemtheorie 168
Szenarien 129

Taylorismus 92, 169
Trends 21, 63

Unsicherheit 129

Varela, Francisco 162, 167
Veränderung 62
Vernetzung 169
Vertrauen 95–98, 118

Verzögerungen 20, 32, 50f., 60, 126
Viabilität 167
Vielfalt 153
Vision 121–123

Wachstum 81f.
Wahrnehmung 16–18, 22, 51, 78, 167, 169
Wandel 62f.
Watson, Thomas 152
Watzlawick, Paul 63, 167
Weizsäcker, Christine und Ernst Ulrich von 153
Werte 37, 100, 121–123
Widerstand 145
Wir-Kritik 108
Wirkungsdiagramme 45–61
World Café 93, 169

Ziele 125f.
Zuhören 101–103
Zukunft 129
Zusammenarbeit 116–118

Über die Autorin

Stephanie Borgert – die Expertin für holistisches Management

Stephanie Borgert ist Unternehmerin, Rednerin, Autorin und Weiterdenkerin. Ihre eigenen Erfahrungen als Führungskraft im internationalen Umfeld waren ihr Einstiegspunkt in das Thema der Komplexität. Seitdem setzt sie sich für ein zeitgemäßes Management und organisationale Resilienz ein.

In diesem Buch beleuchtet Stephanie Borgert ihr Herzensthema aus neuen Perspektiven. Dabei schreibt sie so, wie sie auch arbeitet: fachübergreifend, klar und fokussiert.

Von Stephanie Borgert im GABAL Verlag erschienen:

Die Irrtümer der Komplexität
Warum wir ein neues Management brauchen
ISBN 978-3-86936-661-6
Erschienen September 2015

The Complexity Trap
Why We Need a New Management Approach
ISBN 978-1-532019524
Erschienen April 2017 bei iUniverse/USA

Mehr Bücher von ihr und weitere Veröffentlichungen finden Sie unter www.stephanieborgert.de.

Stephanie Borgert live – anregend, aufrüttelnd, authentisch

Spannende Keynotes und Impulsvorträge

Planen Sie mit mir erfolgreiche Veranstaltungen und erleben Sie, wie wertvolle Inhalte spannend und humorvoll präsentiert werden.

- Führung 4.0: Ändere das Spiel, nicht die Spieler!
- Komplex ist nicht gleich kompliziert! Warum Sie ein Red-Team brauchen.
- Denkfehler 4.0: Warum die Digitalisierung Ihr kleinstes Problem ist.

www.stephanieborgert.de/rednerin

Der Workshop für ein zeitgemäßes Management

Das Arbeitsbuch hat genau Ihren Nerv getroffen? Dann lassen Sie uns gemeinsam an der Zukunft Ihrer Organisation arbeiten. Der Workshop zum Arbeitsbuch, »Ändere das Spiel, nicht die Spieler! – Zeitgemäße Führung in komplexen Zeiten«, ist auf Geschäftsführer, Führungskräfte, Vorstände und Mitglieder des oberen Managements zugeschnitten, die bereit sind, ihre Entscheidungsmuster und Führungsgewohnheiten zu hinterfragen.

- Sie werden ein »Komplex-Könner«.
- Sie verstehen Ihr Team bzw. Ihre Organisation als soziales System.
- Sie kennen grundsätzliche Systemdynamiken und ihre Wirkung in der Organisation.
- Sie werfen einen anderen Blick auf Führung. Weg vom Optimieren des Einzelnen, hin zum Gestalten des Systems.

www.denkschule-für-komplexität.de